彩图

彩图 2　木屑预湿搅拌机

彩图 3　两级机械拌料

彩图 4　制棒流水线

彩图 5　常压蒸汽灭菌

彩图 6　高压灭菌锅

彩图 7　开放式接种

彩图 8　简易接种帐

彩图 9　接种箱

彩图 10　无菌洁净车间接种

彩图 11　菌棒集中堆码发菌

彩图 12　菌棒培养车间

彩图 13　带外套袋养菌期

彩图 14　香菇发菌棚

彩图 15　发菌后期刺孔（放大气）

彩图 16　半熟料单体大柱模式 –
　　　　刺孔通氧

彩图 17　半熟料单体大柱模式 –
　　　　转色管理

彩图 18　菌棒排场

彩图 19　脱外袋处理

彩图 20　半熟料单体大柱模式 –
　　　　浸泡补水

彩图 21　香菇脱袋覆土出菇

彩图 22　香菇设施温控出菇

彩图 23　大棚密集立袋出菇棚

彩图 24　林下夏季香菇出菇现场

彩图 25　双层遮阳网出菇棚

彩图 26　秋季层架出菇大棚

彩图 27　四季出菇暖棚

彩图 28　生长中的花菇

彩图 29　斜靠菌棒注水操作

彩图 30　菌棒浸水补水

彩图 31　层架菌棒注水操作

彩图 32　采收

国家食用菌产业技术体系栽培技术丛书

香菇

栽培实用技术

（第2版）

XIANGGU

ZAIPEI SHIYONG JISHU

宋春艳 谭 琦 主编

中国农业出版社
北京

图书在版编目（CIP）数据

香菇栽培实用技术 / 宋春艳，谭琦主编. —2 版
. —北京：中国农业出版社，2024.10
（国家食用菌产业技术体系栽培技术丛书）
ISBN 978-7-109-31968-4

Ⅰ.①香…　Ⅱ.①宋…　②谭…　Ⅲ.①香菇－蔬菜园
艺　Ⅳ.①S646.1

中国国家版本馆 CIP 数据核字（2024）第 098718 号

香菇栽培实用技术
XIANGGU ZAIPEI SHIYONG JISHU

中国农业出版社出版
地址：北京市朝阳区麦子店街 18 号楼
邮编：100125
责任编辑：李　瑜　舒　薇
版式设计：王　晨　责任校对：吴丽婷
印刷：中农印务有限公司
版次：2024 年 10 月第 2 版
印次：2024 年 10 月第 2 版北京第 1 次印刷
发行：新华书店北京发行所
开本：880mm×1230mm　1/32
印张：5.25　插页：4
字数：150 千字
定价：32.00 元

香菇栽培实用技术
第1版编委名单

主　编　谭　琦　宋春艳

编　　委（按姓名笔画为序）

王万涛	王文成	申进文	江　南
刘国宇	刘俊杰	刘德云	孙淮明
许晓燕	李进山	宋　莹	宋春艳
吴丽馥	肖淑霞	余梦瑶	张介驰
张耀根	罗　霞	郑巧平	郑林用
宫志远	胡清秀	贾定洪	黄志龙
章炉军	曾凡清	谭　琦	蔡为明
魏　巍			

PREFACE **第2版序**

　　时光飞逝，转眼之间，国家食用菌产业技术体系栽培功能实验室编写的"国家食用菌产业技术体系栽培技术丛书"已经出版十四年了！

　　十四年的光阴已经悄无声息地流逝。十四年前，国家食用菌产业技术体系成立之初，体系栽培功能实验室就组织了一批岗位专家和成员编写了一套食用菌栽培技术丛书，对我国生产量较高、栽培区域较广、对菇农影响较大的香菇、平菇、黑木耳、双孢蘑菇、金针菇、灵芝、珍稀食用菌等种类的栽培技术进行了归纳、总结和提炼。

　　如今，十四年的时间过去了，当年编写的这套丛书在不同食用菌主产区传播，促进了广大菇农生产技术的提升，也为食用菌区域化标准化栽培模式的推广起到积极的推动作用。

　　十四年间，香菇持续保持产量第一，同时在我国食用菌总产量的占比不断提升。在我国精准扶贫攻坚战中发挥了重要作用，据统计，我国一半的国家级脱贫县选择了香菇作为脱贫支柱产业。

　　十四年间，黑木耳已经跃居成为我国第二大栽培食用菌种类，成为消费最为广泛的食用菌品种。习总书记盛赞"小木耳，大产业"，不仅是木耳产业的荣耀，更是全体食用菌人心中飘扬的旗帜！

　　十四年间，我国金针菇栽培方式已经完全实现从农法栽培

1

向工厂化栽培的转变，并成为我国工厂化栽培方式产量第一的食用菌种类。数家栽培企业依靠金针菇工厂化栽培成功上市，谱写了一曲曲乡村振兴产业兴旺的凯歌。

十四年间，灵芝已经成为我国药用菌产业的领头羊，灵芝深加工产业链不断延伸，年产值达数百亿元，成为我国食用菌深加工的典范和榜样，灵芝栽培在我国多个主产区成为富民强农的重点产业。

十四年间，双孢蘑菇、杏鲍菇、真姬菇、灰树花、大球盖菇等多个本丛书所涉及的栽培种类也都发生了巨大变化。

十四年间，岁月如梭，变化很多，但是食用菌栽培承担巩固拓展脱贫攻坚成果、接续推进乡村振兴的历史任务没有变；食用菌产业蓬勃发展，在循环农业、健康农业中发挥的独特价值没有变；产业技术体系专家们勇担社会责任、服务三农的初心使命没有变。

正是在这种不变的责任和初心的感召下，体系组织专家力量再版"国家食用菌产业技术体系栽培技术丛书"，根据形势变化，重新编写丛书内容，考虑到该套丛书主要针对菇农，所以移出了以工厂化生产为绝对主导的金针菇和以企业运营为主、生产模式较为统一的双孢蘑菇。同时，根据手机使用的普及，增加了"扫码看视频、学技术"的内容，使得大家更加直观、快速地掌握栽培技术。

道路漫漫，任重道远。我国食用菌产业发展需要一代一代食用菌人的持续奋斗，也需要接续培养新一代的技术骨干和种菇能手，希望本再版丛书能够与时俱进，发挥培养一代新人的作用。

国家食用菌产业技术体系　谭琦

2024 年 4 月

第1版序

　　食用菌产业是伴随着我国改革开放的步伐发展起来的。1978 年全国食用菌产量仅 6 万吨，占世界总产量的 5.7%。改革开放后，食用菌产业凭借"不与人争粮、不与粮争地、不与农争时，投资小、见效快、零污染"等优势，犹如星星之火，在全国迅速燎原。2009 年我国食用菌产量已达 2 020 万吨，占世界总产量的 80% 左右，产值达 1 103 亿元，在种植业中仅次于粮、棉、油、菜、果，排名第六，全国从业人员超过了 2 500 万人，中国已成为世界食用菌生产的大国。

　　在食用菌产业蓬勃发展之时，国家食用菌产业技术体系成立了，这无疑将为整个产业起到强有力的技术支撑作用。在这个平台的支持下，岗位专家对全国各地食用菌生产进行了系统调研，在其他岗位专家、综合试验站、生产基地的大力支持下，栽培功能室的专家结合自身工作，对我国生产量最大的平菇、香菇、木耳、双孢蘑菇、金针菇及珍稀食用菌的栽培技术进行了归纳、总结和提炼，编写出适合指导不同主产区生产的系列实用丛书，以供广大菇农学习、借鉴、提高，促进食用菌区域性标准化栽培模式的加速推广，为我国食用菌产业的稳步提升做出贡献。

国家食用菌产业技术体系栽培功能实验室

2010 年 10 月

第2版前言

　　香菇作为国内产量最高、栽培面积最广的食用菌品种，一直受到广泛的关注。随着香菇栽培技术的不断发展和市场需求的变化，我们深感有必要对《香菇栽培实用技术》的相关内容进行修订和更新。

　　在第2版《香菇栽培实用技术》中，我们对内容进行了全面的审查和改进，增加了最新的实用技术和实践经验，补充了河北、陕西两个具有代表性的主产地栽培模式，更新了工厂化制棒新技术以及香菇新品种。通过修订，力求为香菇生产者提供更准确、更实用的信息，以提高各地香菇栽培的产量和质量。

　　同时，本书还增加了香菇生产各环节的30余幅实拍彩图和10个操作视频，通过视听双效，让读者更直观地理解和掌握香菇生产设备、关键栽培技术等。

　　本书主要面向菇农、农民合作社、农业企业以及相关专业的学生，不论是香菇栽培的初学者还是有一定生产经验的从业人员，都能通过本书学习先进的知识和实用的技能，助推我国香菇产业的持续稳定发展。

　　第2版《香菇栽培实用技术》的编写和修订工作得到众多专家和技术员的重视和支持，我们将持续关注香菇栽培技术的发展，不断更新和完善书中相关内容，满足生产需要；在本书正式出版之际，由衷感谢广大菇农和相关行业人士一直以来的期待与眷注，欢迎各位读者为本书提出宝贵意见。

希望本书能成为您在香菇栽培道路上的得力助手！

编　者

2024 年 3 月

于上海

CONTENTS 目　录

视频目录

（微信扫一扫，即可观看）

视频 1
机械投料

视频 2
机械拌料

视频 3
装袋操作

视频 4
灭菌后转移至
冷却室

视频 5
接种箱接种
操作

视频 6
机械刺孔
操作

视频 7
脱袋处理

视频 8
梳蕾操作

视频 9
注水操作

视频 10
香菇覆土栽培
采收

香菇概述

一、香菇的分类地位

香菇〔*Lentinula edodes*（Berk.）Pegler〕隶属于真菌界（Fungi）、担子菌门（Basidiomycota）、伞菌纲（Agaricomycetes）、伞菌目（Agaricales）、光茸菌科（Omphalotaceae）、香菇属（*Lentinula*），也称香蕈、冬菇等。香菇自然分布北至日本，南到塔斯马尼亚岛，东至新西兰，西到喜马拉雅山脉的不丹、尼泊尔和印度。中国香菇自然分布在广东、广西、福建、海南、台湾、浙江、湖南、湖北、安徽、江西、江苏、四川、云南、贵州、甘肃、陕西、吉林、辽宁、黑龙江、内蒙古、西藏等地，人工栽培遍布全国，从 1987 年至今，我国人工栽培产量稳居世界香菇产量榜首。

二、香菇的营养价值

香菇风味独特，具有很高的营养价值和药用价值，素有"山珍"和"菇中之王"的美称。历代医药学家对香菇的药性及功用均有著述。《本草纲目》中记载，香菇"性平、味甘、无毒"；《日用本草》记载，香菇"益气、不饥、治风破血"；《本经逢原》认为香菇"大益胃气"；《神农本草》中也有服耳菌类可以"增智慧""益智开心"的记载。

中国食物成分表（第二版）提到，香菇含蛋白质、脂肪、维生素和矿物质等多种营养成分。每 100 克干香菇约含蛋白质 20 克、脂肪 1.2 克、碳水化合物 61.7 克、多糖 6 克、钙 83 毫克、磷 258 毫克、钾 464 毫克、铁 10.5 毫克、B 族维生素 21.95 毫克、维生素 C 5 毫克。其中，香菇含有的蛋白质与粮食中的不同，主要包括白蛋白、谷蛋白和脯氨酸；香菇含有的碳水化合物以半纤维素为主，富含 7 种人体必需氨基酸；香菇是一种既可以鲜食、干食，又可以开发成零食、饮料和调味料的高蛋白、高纤维和低脂肪食品。香菇中的必需氨基酸可纠正人体酶缺乏症；香菇含有一般蔬菜所缺少的维生素 D 原（麦角固醇），可增强人体抵抗力，有助于小孩骨骼和牙齿生长，预防佝偻病；香菇多糖有抗肿瘤作用；香菇中的腺嘌呤和胆碱可预防人体肝硬化和血管硬化；香菇所含酪氨酸氧化酶有降低血压的功效；香菇中的双链核糖核酸可诱导干扰素产生，并有抗病毒作用等。

三、香菇的栽培史

世界香菇的人工栽培起源于中国浙江省龙泉、庆元、景宁等 3 县连成一片的 1 300 千米² 的菇民区，依靠的都是古老的"砍花"栽培技术，具有悠久的历史。南宋嘉定二年（公元 1209 年）何澹著《龙泉县志》记述："香蕈，惟深山至阴之处有之。其法，用干心木，橄榄木，名曰蕈樀，先就深山下砍倒仆地，用斧班……"他用近两百个字，精辟地概括了择时、选树、伐树、砍花、浇水、出菇、采收、焙干等完整的香菇"砍花"栽培技术。"砍花"法生产的香菇虽然菇形较小，但其香味浓郁，深受消费者喜欢；虽然产量较低，但采收年限较长，"砍花"一次后，可连续采收 4 年。同时，在资源丰富的林区，"砍花"法对林木的更新有积极意义。但是这种方法比较原始，香菇的产量取决于自然界中野生香菇孢子的浓度，对气候环境的依赖甚多。

随着科技的发展，人们对香菇栽培的方法进行了改革和创新。1955 年上海市农业试验站食用菌室成立（1960 年建成上海市农业科学院食用菌研究所），1962 年福建三明真菌实验站成立（1978 年更名为三明市真菌研究所），1963 年中国科学院中南真菌研究室成立（1972 年更名为广东省微生物研究所真菌室），1978 年华中农业大学应用真菌研究所成立，这些科研机构对香菇栽培做了大量的研究和技术普及工作。

1956 年，上海市农业试验站食用菌室第一任领导陈梅朋等成功研制木屑菌丝体菌种，并在景德镇、龙泉进行了香菇的段木栽培试验。1958 年，陈梅朋等正式生产香菇的木屑纯菌种，并在全国各地举办培训班，香菇段木人工接种栽培新技术得到广泛传播，并在全国迅速普及。1960 年，陈梅朋等采用木屑代替段木成功栽培香菇。这一方法是利用工业下脚料木屑作为培养料，添加一定量的米糠、糖和石膏，制成半合成培养基以代替传统的栽培材料段木，因此被称为木屑代料栽培法。1964 年，上海市农业科学院食用菌研究所开创了木屑菌砖栽培法。具体做法是将木屑培养基装填在玻璃瓶内，高温灭菌后再接入香菇纯菌种进行培养，培养一段时间后，将长满香菇菌丝的培养料挖出、放入特制的模具内进行压块，最后在室内培养出菇。木屑代料栽培法改变了过去段木栽培的资源浪费，更重要的是消除了香菇栽培的地域限制，使香菇生产从偏僻的林区迁移到了交通便利的平原地区，香菇产量迅速提高。随着塑料袋的发明和普及，1982 年，福建省古田县彭兆旺等人在香菇木屑代料栽培法和银耳菌棒栽培法的启发下，创造了香菇菌棒栽培技术，并在福建省全面推广。该方法简化了木屑菌砖栽培法的二次培养步骤，从而在全国范围内得到迅速推广应用。目前，木屑代料菌棒栽培方式是我国香菇生产的主要方式。

四、香菇栽培技术的发展现状及趋势

随着我国"南菇北移"战略的实施和产业结构的调整，香菇生产区域由南向北、由东向西不断延伸，种植面积不断扩大，香菇人工栽培产区遍布全国。据中国食用菌协会统计，2022 年我国香菇生产量达到 1 295 万吨，香菇已然成为名副其实的中国"国菇"。

各地在香菇省力、低耗、高产、优质栽培技术上也有了许多突破。新技术、新模式的不断涌现极大地促进了香菇产业的发展，造就了一支"栽培大军"。覆土出菇模式是夏季高温季节香菇出菇的优良技术，重点在于出菇棚降温管理，利用地面温度降低菌棒温度，促使原基正常形成，同时使香菇个头大、肉质厚，此技术在很长一段时间为南方夏季高温反季节出菇提供了有力的保障。层架花菇出菇模式是将摆地出菇模式改为层架出菇模式，此技术既提高了土地利用率，又提高了香菇的品质。花菇，这一香菇中的高品质产品也实现了量产。免割保水内套袋技术改变了传统的"见蕾割袋出菇"的花菇培育方式，解决了"人工割口出菇"费时费力的问题，为菌棒营造"内湿外干"的小环境，子实体畸形率大大下降，香菇品质得到提升，使我国环境干燥的北方、西部地区都成为香菇生产的主产区，是"南菇北移"的关键技术之一。

随着香菇生产配套的装袋机、灭菌器、接种机等设施设备的研发、投入和使用，部分香菇产地已经形成了专业化、规模化、标准化的生产格局。"设施制棒生态出菇"模式耦合了技术、设备和人工等生产要素，由企业负责高投入、高风险的技术集成和香菇菌棒的规模化生产，并供应成熟的菌棒给基地菇农进行生态化出菇管理。该模式由上海市农业科学院食用菌研究所与上海大山合集团有限公司提出，并于2005年在云南首次应用。10余年后，这种工厂化制棒和生态化出菇相结合的模式已成为香菇"精准扶贫"项目以及后续"乡村产业振兴"项目的首选模式。

香菇工厂化栽培是发展趋势，工厂化制棒技术日趋成熟。菌棒网格培养技术使库房菌棒培养密度增加3倍，菌棒一致性和稳定性质量指标显著提高；液体菌种关键技术在河南金海生物有限公司实现推广应用，引领产业发展新风向。2021年，七河生物科技有限公司投资建设工厂化周年出菇大棚，但周年化的出菇管控技术仍需要新的突破。香菇工厂化栽培是一个系统工程，仍需要创新性技术。未来，由于劳动力成本限制及现代工业技术的发展，香菇工厂化栽培终将成为主流生产方式。

第二章 PART TWO

香菇生物学特性

一、香菇形态特征

香菇营养阶段是具有横隔和分枝的双核菌丝体，白色、绒毛状，有明显的锁状联合。该双核菌丝体可在马铃薯葡萄糖培养基和木屑合成培养料中生长，老化后略有淡黄色色素分泌。有些早熟品种的双核菌丝体在冰箱内保藏时间过长时会形成原基。

香菇生殖阶段是由菌盖、菌褶和菌柄组成的子实体结构。

菌盖位于子实体上部，呈圆形或椭圆形，表面浅褐色或深褐色，部分品种的菌盖披有白色或黄白色鳞片。菌盖边缘幼时内卷，随着不断成熟，趋于平展甚至反卷。在温湿度差异较大的环境中，菌盖表面裂开呈菊花状或龟甲状，此时形成的香菇称为花菇。

菌褶着生于菌盖下方，是孕育孢子的场所。菌褶辐射状排列，呈刀片状，不等长，弯生。孢子印白色，孢子椭圆形、无色、光滑，孢子大小为 (4.5~7) 微米×(3~4) 微米。

菌柄起支撑作用，中生或偏生于菌盖下方，呈圆柱形、锥形或漏斗形，内部实心，纤维质。有些品种的菌柄表面附着纤毛。

二、香菇生活史

香菇是四极性异宗配合的担子菌类真菌，生活史从孢子萌发产生单核菌丝体开始，经过有性生殖形成双核菌丝体，再到子实体发育和担孢子形成而终结。具体过程如下。

①孢子萌发，沿长轴伸长、顶端生长且分枝，形成没有结实能力的单核菌丝体。

②在两个不连锁交配型位点的控制下，两个性亲和的单核菌丝体经菌丝-菌丝间融合、细胞核快速迁移和交换、双核配对、同步有丝分裂等过程，形成具有结实能力的双核菌丝体。双核菌丝体不断进行顶端生长、分枝，以锁状联合方式扩大生物量。

③双核菌丝体内部贮存足够形成子实体发生必需的营养成分时，即达到生理成熟，在适宜条件下可扭结，形成原基，并继续分化成完整的子实体。

④在子实体菌褶上的子实层内，双核菌丝的顶端细胞膨大发育成担子。

⑤担子内两个细胞核经核配和减数分裂形成 4 个单倍体细胞核，担子顶端伸出 4 个小梗，小梗顶端细胞膨大形成担孢子原，4 个单倍体细胞核分别通过小梗进入担孢子原，最终形成 4 个单倍体担孢子。

三、香菇生长发育条件

香菇生长发育需要适合的营养条件和环境条件，其中营养条件主要包括碳源、氮源、矿质元素、维生素等，环境条件主要包括温度、水分、空气、光照、基质酸碱度等。

（一）营养

香菇是腐生型真菌，野生生长主要通过自身分泌的酶将阔叶树枯死部位的无生命有机质分解成无机物或矿物质以吸取营养。无论是在营养生长还是生殖生长发育阶段，都是菌丝体部位行使营养功能。丰富且全面的营养不仅能为香菇生长发育过程中的细胞构成提供物质基础，同时营养的代谢过程也能为香菇的整个生命过程提供能量，是香菇优质高产的根本保障。

（1）碳源　香菇菌丝体利用的碳源广泛，包括单糖类、双糖类和多糖类。在人工合成培养基上，主要利用容易吸收的单糖或双糖类，如葡萄糖、麦芽糖、蔗糖等；在段木或代料培养基上，主要利用纤维素、半纤维素和木质素等多糖类，代料培养基中主要提供碳源的材料是阔叶树杂木屑，含量达80%。

（2）氮源　香菇菌丝体能利用有机氮（蛋白胨、L-氨基酸、尿素）和铵态氮，不能利用硝态氮和亚硝态氮。香菇生长发育的最适氮浓度因氮源种类和香菇菌株不同而有所不同，但最关键的一点是氮源的浓度必须与碳源的浓度保持一定的比例才能更好地保障香菇的生长发育。在香菇营养生长阶段，碳源和氮源的比例（C/N）以（25~40）：1为好，高浓度的氮会抑制香菇原基的分化；而在香菇生殖生长阶段，C/N的适宜范围较广，为（73~600）：1。

（3）矿质元素　少量添加镁、钙、钾等矿质元素可促进香菇菌丝生长，硫酸镁和磷酸二氢钾可以作为培养添加剂使用，石膏和石灰是香菇培养的辅料之一。相反，添加铜、铁、锌元素容易抑制香菇菌丝生长，需要注意控制原材料中此类矿质元素的本底含量。

（4）维生素类　香菇菌丝体缺少维生素 B_1 时，生长发育受阻、菌龄延长、产量降低，但香菇菌丝体自身不能合成维生素 B_1，只能从外部添加；适合香菇菌丝体生长的维生素 B_1 浓度大约是每升培养基含100微克。人工合成培养基中的马铃薯，以及代料培养基中的麦麸、米糠、玉米粉等都能提供维生素 B_1。

（二）温度

香菇是低温结实性的菇类。担孢子萌发的最适温度为22~26℃，菌丝生长的温度范围在5~32℃，最适温度23~27℃，子实体发育温度5~28℃。根据形成原基的温度，香菇品种分为高温种（25℃以上）、中温种（15~25℃）、中低温种（10~20℃）、低温种（10℃以下）及广温种（10~25℃）。香菇也有变温结实的特性，10℃以上温差刺激利于子实体原基发生和分化。同一品种，在适温范围内，较低温条件下子实体发育慢、菌柄短、菌肉厚实、质量好；较高温条件下子实体发育快、菌柄长、菌肉薄、质量差。在恒温条件下，香菇不易形成原基，但也有一些不需要温差刺激就可以形成原基的香菇品种。

（三）水分

香菇生长发育所需的水分主要来源于培养料内的含水量和空气相对湿度。不同生长发育阶段，香菇对水分的需求不同。在木屑培养料中，菌丝体生长的最适含水量在55%左右，子实体形成阶段培养料含水量在60%左右，空气相对湿度以80%~90%为宜。培养料含水量过低，子实体小、易开伞；培养料含水量过高，子实体软、易腐烂，菌盖呈暗褐色水浸状，商品价值低；培养料含水量适宜，可以培养厚菇。空气相对湿度昼低夜高，气温昼高夜低，可以培养柄短肉厚、菌盖色浅、有裂纹的花菇。

（四）空气

香菇是好氧性菌类，在营养生长和生殖生长阶段都需要足够的新鲜空气以保障生长发育的需求。香菇培养料需要装在透气性强的塑料袋中，菌棒培养时需要翻堆、通风、刺孔等，子实体形成时需要脱去外袋、增强通风等。二氧化碳积累过多、氧气不足时，菌丝体生长和子实体发育都会受到明显的抑制。缺氧时，菌丝借酵解作用暂时维持生命，但会消耗大量营养，菌丝易衰老、死亡；缺氧时子实体也易发生畸形。

（五）光照

香菇菌丝体的生长不需要光线，在完全黑暗的条件下菌丝生长良好。但香菇菌丝体转色和子实体发育阶段需要强度适宜的漫散射光刺激，才能形成茶色的菌皮或菌被、诱导原基形成和子实体生长发育。在完全黑暗的条件下，子实体不形成；但只要有微弱的光线，就能促进子实体形成。光线太弱，出菇少，菇形小，柄细长，颜色浅，质量次；但直射光又对香菇子实体有害，随着光照强度增加，子实体的数目减少。

(六) 基质酸碱度

香菇菌丝体最适宜的 pH 为 5～6，pH 超过 7.5 菌丝体生长极慢或停止生长。生产中初始培养料的 pH 常调到 6.5～7，高温灭菌后栽培料的 pH 下降，达到菌丝体适宜生长的范围。随着菌丝体生长代谢，醋酸、琥珀草酸等有机酸积累，培养料的 pH 不断下降，下降到 3.5～4.0 时可促进原基形成和子实体发育。

第三章 PART THREE

福建香菇栽培技术

福建省香菇栽培历史悠久，早在明代就有栽培香菇的记载。福建香菇栽培经历了原木砍花栽培、段木栽培和代料栽培 3 个阶段。20 世纪 60 年代以前，香菇生产主要以原木砍花栽培为主；20 世纪 60 年代至 80 年代，香菇生产由原木砍花栽培转变为段木栽培和木屑压块栽培，但以段木栽培为主；20 世纪 80 年代至今，香菇栽培以代料菌棒栽培为主，栽培模式大致分为畦式栽培和层架栽培。近年来，随着栽培者理念转变和栽培技术进步，栽培条件也从自然条件转向温湿光气可控的设施条件。

一、畦式栽培

（一）栽培设施

1. 设备设施 香菇代料栽培需要切片粉碎机、拌料机、装袋机、烘干机和冷库等设备设施。香菇生产用的机械设备一般以几户甚至几十户、上百户共用的形式配备，并根据共用户数选用不同功率、型号的设备。福建香菇栽培已从原材料加工、菌棒制作和栽培管理一条龙"家庭式小作坊"的模式，向原材料加工、菌棒制作和栽培管理专业化分工的新模式转变，从业者可根据需求选配相应的设备设施。

（1）切片粉碎机 该机具有木材、枝丫材切片和粉碎功能，香菇栽培所需木屑的粗细度可通过更换不同孔径的筛片进行调节。

（2）拌料机 该机用于培养料的主料与辅料加水混合搅拌，拌料机的选择要根据生产量而定。

（3）**装袋机**　该机用于将搅拌均匀后的固体培养料装填至一定规格的塑料袋中。

（4）**烘干机**　该机是以加热后的热空气为介质，将新鲜香菇干制，形成干品。

（5）**冷库**　冷库是香菇保鲜的一种基本设施，冷库库温可调控能力为 $2 \sim 5$℃，根据生产规模可选用合适的库容量。

2. **菌棒培养室**　培养室是接种菌种后菌棒培养的场所，要求环境干净，地面干燥，为可遮光遮雨、密闭消毒的场所，尽量远离生活垃圾堆放等污染源。以前有些产区将培养室与接种室合为一体，就地接种就地培养；近年推广专业化分工新模式，接种、培养采取流水作业程序，有专门的接种室和培养室，要求也相应规范。

培养室使用前要清理干净，地面为地砖或水泥地，可冲洗，通风吹干并进行预消毒，一般要消毒 $2 \sim 3$ 次。第一次用 $3\% \sim 5\%$ 来苏儿或 5% 苯酚溶液喷洒室内六面墙壁、地面和屋顶；第二次用硫黄（每立方米空间用量 15 克）烧熏或用高锰酸钾加甲醛熏蒸；第三次在地面撒生石灰。

3. **出菇棚**　畦式栽培有斜置和埋地两种模式，其出菇棚外部结构大致相似。出菇棚宜选择地势平坦、排灌方便、交通便利的田地建置，常遭洪水淹没或有白蚁的田地不宜建置菇棚。畦式栽培的菇棚分为固定菇棚和简易菇棚两种类型。菇棚大小应根据田块、栽培数量等实际情况而定，通常每个菇棚占地面积不超过 1 亩*，占地 1 亩的菇棚可排放香菇 $8\,000 \sim 10\,000$ 棒。

（1）**固定菇棚**　菇棚应坐西北向东南，有利调节棚内温差。建棚前要清除地面杂草、杂物、平整地面。场地洒多菌灵和生石灰进行消毒。在棚四周开好排水沟，宽 40 厘米、深 30 厘米，以避免棚内积水；然后埋柱建棚，棚架力求牢固，柱间距 4 米，深埋 50 厘米，棚内净高 $2 \sim 2.5$ 米，便于人员进出。棚顶铺有茅草、芒萁等不易

---

* 亩为非法定计量单位，1 亩 $=1/15$ 公顷 ≈ 667 米^2。——编者注

腐烂的遮阴材料或塑料遮阳网，使场内能透过少量阳光。菇棚四周用稻草、毛草等编织成草帘围住，西北向的草帘应厚实，东南向的草帘要稀疏，遮阴度为"三阳七阴"或"二阳八阴"。

（2）简易菇棚　菇棚应选择避风、向阳、排水方便的田块，提前翻犁，再采用钢管作支架，高度 2～2.5 米，便于人员进出。棚顶用遮阳网覆盖，该棚适宜秋冬埋地出菇模式，香菇收获完成后可撤去顶棚覆盖，直接种植水稻，实现菇稻轮作。

（二）栽培季节与品种

栽培季节安排是否合理是香菇栽培成败的关键，季节安排要综合考虑当地气候情况、栽培模式和所选用品种的温型等因素。通常以当地气温和选用品种的温型为依据，按品种的第一潮菇最适温度来确定不同品种的制种、制棒、接种、培养和出菇等工序的日程。

秋冬季出菇时，通常于 7 月下旬至 9 月下旬制棒，11 月至翌年 4 月出菇。近年推广菇稻轮作新模式，栽培季节适当提前，对接水稻茬口。一般于 6—8 月制棒，10 月至翌年 3 月出菇；水稻 4—5 月育秧，5—6 月移栽，9—10 月收割。夏秋季出菇时，通常于 11 月至翌年 4 月制棒，5—12 月出菇。

近年来，福建秋冬季出菇主要推广 L636、0912、Cr66 和 L808 等品种，L636、0912、Cr66 为早熟品种，L808 为晚熟品种；夏秋季出菇主要推广 L636、0912 等品种。L636 菌龄 80～90 天，出菇温度 10～25℃，4℃温差刺激可以出菇，抗逆性较强；菇形中等、圆整，菌盖黄褐色至灰褐色；菌肉致密，厚度 1～1.3 厘米；菌柄近圆柱形，基部稍细。Cr66 菌龄 80～90 天，出菇温度 12～24℃，菇形中等，菌盖淡褐色，产量较高，子实体适合干制。

（三）培养料

1. 主料　木屑是香菇代料栽培的主要原料，木屑必须来自适合香菇生长的树种，如壳斗科、山毛榉科、槭树科和金缕梅科等树种，壳斗科的栎、麻栎、栲树、米槠、青冈栎等树种的木屑质地致密、比重大、孔隙度小、木质素含量高，较适合香菇栽培，而山茶科的木荷、油茶，以及樟科的樟树、楠木等树种的木屑就不适合香菇栽培。

木屑颗粒的粗细度也会影响香菇栽培，如果木屑太粗，菌丝生长虽快，但劣质菇较多，且易刺破塑料袋增加污染概率；如果木屑过细，会明显影响菌丝生长。因此，通常采用不同粗细的木屑颗粒相搭配，可使培养料内有较高的持水力及通气性，以手抓木屑握拳时，无刺痛感为宜。同时，还要将收集的杂木屑置于太阳下暴晒，让混有的芳香性物质挥发。

2. 辅料

（1）麸皮或米糠　不仅是香菇生长发育很好的氮源，同时又是一种碳源。麸皮或米糠内含有大量的维生素 B_1 等营养物质是促进香菇菌丝生长所必需的。选用麸皮或米糠力求新鲜，不霉变。

（2）糖　在培养料中添加糖分主要是为了促进菌丝在定殖初期吸收养分。糖有红糖、白糖之分，红糖比白糖好，因为红糖中葡萄糖含量较白糖高出 10～20 倍，且含有大量的铁、锌、锰等矿物质元素和胡萝卜素、核黄素等成分，红糖应随购随用。

（3）缓冲材料　香菇培养料中加入石膏、碳酸钙和过磷酸钙作为缓冲材料，主要用来中和香菇菌丝在分解培养料过程中产生的有机酸，同时还能降低木屑中单宁的含量，更有利于香菇菌丝的生长。过磷酸钙用量控制在 0.3％～0.5％，碾碎成粉末用。

（四）菌棒制作

1. 配料前准备

（1）灭菌灶　福建香菇栽培采用常压灭菌灶进行灭菌，一般有船式供气常压灭菌灶和锅炉供气常压灭菌灶两种。

①船式供气常压灭菌灶。这种方式灭菌灶适合农户小规模生产。它是由砖砌灶身和铁板焊成船式灭菌锅一体组成，锅里由木板分隔上下两层，下层装水，上层排放菌棒，菌棒按"井"字形堆垛；灭菌锅外围包以双层塑料薄膜，下部用沙袋压边形成一个密闭

13

灭菌灶。

②锅炉供气常压灭菌灶。这种方式灭菌灶适合菌棒厂或较大规模的生产。它的蒸汽发生器和灭菌仓是分离的，蒸汽由管道从下部进入灭菌仓；菌棒先放到专用灭菌小车上，然后推至灭菌仓内进行灭菌。

（2）栽培塑料袋 福建香菇代料栽培的塑料袋采用聚乙烯或聚丙烯塑料袋，菌棒生产多数采用低压聚乙烯塑料袋。其规格为对折口径 15～17 厘米、长 55～58 厘米、厚 0.04～0.05 厘米。有些地方采用双层套袋方法，即在栽培袋外套一个更薄的塑料袋，其口径比料袋宽 2 厘米左右，厚 0.03 毫米。套双层袋的目的为替代封口，提高成品率。在选购塑料袋时，应仔细检查其质量，不应有沙眼、刮缝或裂痕。

（3）培养料配方 培养料配方是香菇栽培营养物质的基础，福建香菇栽培通常采用以下两组配方。

①配方一。木屑 78%，麸皮 20%，红糖 1%，石膏粉 1%。

②配方二。木屑 77%，麸皮 16%，玉米粉 2.5%，红糖 1%，石膏粉 1.5%，轻质碳酸钙 1.2%，硫酸镁 0.3%，过磷酸钙 0.5%。

配方一是代料栽培香菇的基础配方，但并非一成不变，各地所选主原料可根据当地资源灵活调整。掌握好配方中含水量是防止菌棒污染的有效措施。埋地栽培要在配方中添加 0.1%～0.2% 活性炭，起到吸附香菇菌丝体代谢气体的作用，这是埋地栽培与斜置栽培区别之处。

2. 配料

（1）拌料 每棒干料 0.8～0.9 千克。先将木屑、麦麸、石膏、碳酸钙等不溶性干料混拌均匀，将糖等可溶性辅料用清水配成母液，与水一起混入干料，用铁锹来回翻拌 5 次以上，或用拌料机搅拌数分钟，至培养料含水量 55%～65%。培养料的含水量可用"握料法"来判断，具体做法是：用手抓取料堆中部的培养料，握紧，若指缝间无水痕、料不成团，则其含水量在 54% 以下；若指缝间仅有水痕，但松手时无水滴下，伸开手掌料成团、落地即散，则其含水量为 55%～60%；若指缝间有 1～2 滴水，则表示培养料含水量为 60%～65%；若有数滴水滴下，表示培养料含水量超过 65%。当制作菌棒时气温较低（20℃以下）或主料颗粒较大，菌棒较小时，可将含水量调至 60%～65%；若制作菌棒时气温较高或主料颗粒较细，菌棒较大时，宜将含水量调至 55%～58%。配好料后应放置 10～20 分钟，让水分从木屑表面吸入颗粒内部后方可开始填料。

(2) 填料 配制好的培养料应及时装入塑料袋中，填料时在保证不破袋的情况下要尽可能将料装实、装紧。料装好后应马上扎口。菌棒长度 40～42 厘米，料湿重 1.8～2.0 千克。

(3) 灭菌 菌棒制作要求流水作业，当天拌料、装袋，当天灭菌。锅内菌棒的摆放方式有两种：一种是在锅内的栅格上先铺一层麻袋，然后将菌棒呈"井"字形堆叠在麻袋上，顶部堆间留 5～10 厘米空隙，以利于蒸汽流动；另一种是将菌棒先置于专用灭菌小车上，再推进灭菌仓里灭菌，此方式进出锅方便，菌棒搬动次数少，且蒸汽环流通畅，灭菌效果更好。生产中，通常边堆码装锅，边生火加热，1～2 小时装妥，3～4 小时将锅内温度升至 100℃。然后，维持工作温度（98±2）℃，10～12 小时，中间不许跌火，以免温度波动太大，影响灭菌效果。灭菌结束后，打开覆盖物散热，当灭菌堆内温度降至 60℃左右时，趁热把灭好菌的菌棒移入已消毒的冷却场地进行冷却。

(4) 冷却 出锅时应将菌棒移入垫有布块的搬运筐内或将专用灭菌小车搬出，运到冷却室菌棒呈"井"字形堆放，堆高 6～8 层，堆间预留通道，以利于散热冷却。生产规模较大时，亦可在大棚内冷却。冷却场地必须在使用前 24 小时进行清扫和消毒处理。

3. 接种 当菌棒温度降至 28～30℃即可接种，接种工作应遵守无菌操作原则。为此，接种前必须进行接种室消毒和菌种预处理等工作。

(1) 接种室消毒 接种室在使用前应进行 2 次消毒，在菌棒和接种工具搬进接种室前后各进行 1 次。生产中常采用气雾消毒盒熏蒸或来苏儿溶液喷洒消毒，且最好2种方法交叉使用。无论采用哪一种方法，都必须对接种室先进行认真地清扫、擦拭和喷雾降尘。

（2）菌种预处理 首先逐瓶（袋）挑选，剔除长势弱、有杂菌或看起来有问题的菌种，清洗合格菌种瓶（袋）外壁；然后在接种箱内按无菌操作要求，将棉塞换成无菌塑膜（事先用消毒药液浸泡5分钟以上），密封后带入接种室备用。

（3）接种 接种人员进入接种室前应沐浴更衣，换专用拖鞋、戴帽、戴口罩、戴手套。接种之前双手用酒精棉球擦拭，或用2%来苏儿、0.25%新洁尔灭药液浸洗。接种工具经火焰灼烧备用。接种操作一般2~3人一组。灭菌前已打穴的，接种时传递菌棒、预撕胶布、接种；灭菌之前未打穴的，接种时传递菌棒，打穴，接种后或贴胶布，或套袋密封均可。打穴可用大头直径1.5厘米的锥形铁筒，或用T形木锥，穴深2~3厘米，每袋4~5穴。选用早熟品种，打4个穴；选用晚熟品种，打5个穴。

（五）菌棒培养

接种后的菌棒移入已消毒、通风、阴凉、黑暗的培养室里进行培养，地面上铺一层塑料薄膜，每4棒为一层，层间交错堆叠，堆高控制为80~100厘米。堆叠时要将菌棒孔穴朝两侧，以利散热。当培养室温度超过28℃，要将菌棒进行疏散并加强通风。

接种后15~20天，要进行翻堆检查，发现污染菌棒要及时处理。对于贴有胶布块的菌棒，可将对角两块胶布各撕开一角，增加供氧量，接种穴内氧供应突然增加，菌丝新陈代谢旺盛，堆温急速上升，将每层堆叠由4棒改为3棒，拉大棒间距离。过数日，可再将其余胶布撕开或脱掉套袋，应特别注意中午培养室的温度，当温度超过32℃，就会造成菌丝发黄"烧菌"现象。

一般结合翻堆对菌棒刺孔2~3次（俗称"放气"）。第一次刺孔一般结合第二次翻堆进行，可用牙签或细铁丝刺孔，每个接种穴周围刺3~4个孔，注意刺孔不能太边太深，料偏松偏干的菌棒暂不刺孔，严防杂菌进入。第二次刺孔一般结合第三次翻堆进行，每个接种穴周围刺 4～5 个孔。第三次刺孔在菌丝发满菌棒后进行，用钉了多枚铁钉的木板拍打菌棒。注意偏湿偏紧菌棒多刺孔，刺深孔，偏干偏松的菌棒少刺孔。有的产区将第三次刺孔改为压迫放气，即压迫菌棒接种孔的两侧将菌棒压成扁形的放气法，能较好地保护菌棒。菌棒刺孔或放气后菌棒内的料温会迅速升高，应特别注意疏散和通风，严防发生"烧菌"现象，气温在 28℃ 以上时一般不要大规模刺孔。

早熟品种菌丝满棒后 20 天、晚熟品种菌丝满棒 40 天后，培养料表面会出现一些小疙瘩，即扭结的子实体的原基，说明菌棒的菌丝已达到生理成熟，可移入出菇棚完成转色及出菇管理。

（六）出菇管理

第一种是斜置模式出菇。

1. **整畦搭架**　栽培的畦面高于地面，长度依荫棚地形而定，畦宽 1.2～1.4 米。畦面平整或略呈龟背状，上设梯形菌棒架，架间距 20 厘米，离畦面 25 厘米。畦间预留人行通道，菇场四周开沟排水。为了便于菌棒在栽培过程中及时补水，每间隔两畦还应设置浸水沟，一般就地挖掘。

2. **菌棒脱袋**　当平均气温下降到 22℃ 以下的晴天或阴天的傍晚，可将生理成熟的菌棒进行脱袋，但雨天不宜脱袋。脱袋时，用锋利小刀沿着棒面纵向割破，剥掉塑料袋。

脱袋后的菌棒应斜靠在畦面上的横架上，与畦面成 60°～70° 夹角，每排可放置 8～10 棒，棒距 3～4 厘米，做到边脱袋，边排筒，边盖膜。脱袋后，如遇上连续高温，应立即将四周挡风草帘取下，以便棚内通风。加厚顶棚遮阴度至"八阴二阳"，以防阳光直射。

3. **菌棒转色**　菌棒在畦面薄膜罩 2～4 天（视脱袋时气温而定），尽量不要去翻动膜罩，保持罩内相对恒温恒湿，使脱袋后菌棒有一个适应过程，同时促使筒表层菌丝恢复。罩内温度超过 25℃，要短时间掀薄膜降温。由于薄膜内外温差大，在膜内壁上出现水珠属正常现象。经过 2～4 天，菌棒表面将出现短绒毛状菌丝，一旦绒毛菌丝长度接近 2 毫米，就要增加掀膜次数，以降温、降湿，促使绒毛菌丝倒伏，这样就在菌棒表面形成一层薄的菌膜。

若绒毛层不易倒伏或倒伏后又重新形成绒毛层，这是菇场相对湿度偏大，或培养基配料时氮源过于丰富所致，此时可加大通风或喷 2‰石灰水强迫其倒伏。倒伏后每天掀膜 2～3 次，每次 20～30 分钟，以增加氧的供给和光照，造成菌棒表面干湿差。一般转色要连续 1 周，先从白色转成粉红色，再转成红褐色。

菌棒是否顺利地转色和转色后菌膜的厚薄均影响到菌棒出菇快慢和产量高低。在菌棒转色过程中要把握以下几个因素：一是温度，温度高低是影响转色快慢的决定因素，最佳转色温度为 19～23℃；二是湿度，空气相对湿度是否适宜，影响到菌棒转色质量高低；三是光线，光线充足转色快且深；反之，转色则慢。

4. **出菇管理**　菌棒经过转色后，就必须人为拉大菇棚内昼夜温差，诱发原基的形成。从小菇蕾到采收一般需要 4 天左右时间，气温低则需要 7～8 天。脱袋斜置畦式栽培产菇周期跨秋、冬、春 3 季，长达 4～5 个月，由于各季节的温度、湿度等差异，分为以下 3 个管理阶段。

（1）**秋菇**　秋季气候特点为秋高气爽，空气相对湿度较低，菇蕾能否顺利发育成子实体，主要取决于温差刺激、湿度调节、通风量控制和散射光诱导是否适宜。当第一潮菇采收结束后，要掀开薄膜 3～4 小时，并停止喷水 5～6 天，降低菇棚内湿度，使菌棒上菌丝恢复生长，积累养分。经过一周左右，当采摘的菇迹开始发白时，加强湿度管理，白天盖紧薄膜，半夜掀开，人为造成温湿差，诱导第二潮菇蕾的发生。菇蕾形成后喷水，喷水次数、喷水量要视气温而定，气温高时，早晚喷空间水，阴雨天少喷，直至第二潮菇采收。

（2）**冬菇**　入冬后，气温下降幅度大，空间相对湿度低，管理上应以提高菇棚内温度、控制湿度、保暖防寒为重点，针对不同品种采取相应的管理措施。

中高温型品种在 10℃以下的低温一般不会长菇，应保持菌棒湿润使之顺利越冬，通常每天午后短暂通风、喷水；中温或中低温型品种，可根据气候情况，避开寒流，利用气温短暂回升间隙进行人为调节，提高棚内温度以刺激菇蕾的形成，并做好保湿通风工作。每采一潮菇后，要拉长养棒时间。应注意下霜时空气相对湿度低，早上不能喷水，否则会冻坏菇蕾，只能盖紧薄膜保湿。

冬菇产量不高，一般只占总产的 10%～15%，但品质好、效益高。

(3) **春菇** 春季气温时高时低，春雨绵绵，空气相对湿度较大，此时期要注意防止烂棒和烂菇。早春时连续阴雨，应拉稀顶部遮阴物，增加棚内温度，增加昼夜温差，诱导菇蕾的形成。晚春气温波动较大，要做好防高温、防高湿工作。

菌棒每出一潮菇后，都需要进行注水以补充水分。

第二种是埋地模式出菇。

埋地模式分覆土栽培与不覆土栽培。覆土栽培大多选择海拔500 米以上的地域进行夏季出菇；不覆土栽培大多选择水源充足、排灌方便的水田进行菇稻轮作。

1. **整畦排场** 菌棒排场前先进行整畦，畦面的走向一般以便于排灌水和通风来决定，畦面宽 1.1～1.4 米，长度不定，畦沟宽50 厘米，畦高 20～30 厘米，以两畦作为一个整体，上盖塑料薄膜，拱竹高 1.8 米。整畦后每亩用 150 千克石灰洒施畦面及走道，防止病菌滋生。

当菌丝达到生理成熟，转色率达 30% 时，便可以进行排场，即将菌棒搬进菇棚，排放于畦面上，休养 7～10 天，用锋利刀片沿接种口划破塑料袋，划口朝下排放，促进转色。

2. **脱袋埋地** 接种面基本转色即可脱袋埋地。覆土栽培，应将菌棒接种穴朝上，一袋紧靠一袋平卧于畦面上，然后用土质疏松、不易板结、保湿性好、无杂菌和虫卵并拌入 2%～3% 石灰的潮沙土或火烧土填满菌棒之间的缝隙，并注水加土，直至使菌棒间缝隙被土充实，畦边菌棒可用沟中的烂泥堵严，防止菌棒底面或旁边出菇。覆土后畦面需覆盖薄膜，单畦用 2～2.5 米宽的膜，双畦用 5～6 米宽的膜。不覆土栽培，应将菌棒 2/3 埋入土，棒棒要靠紧，每畦埋 3 排，每畦上方用若干根竹条做成拱形，盖上薄膜。

3. 出菇管理

（1）覆土栽培

①催菇。菌棒经过转色期的浇水管理后，停止浇水 4～5 天，然后采用干湿交替法催菇，或把水从高处浇下落到菌棒面上 2～3 次，即可产生大量的小菇，不宜采用震动催菇，以免暴发出菇。

②前期管理。覆土栽培多为夏季出菇。脱袋后第一潮菇一般从 5 月开始出菇，持续到 6 月上旬。这个阶段的气温由低到高，但夜间气温较低，昼夜温差大，而且是雨季，空气相对湿度大，对子实体分化扭结有利。当第一潮香菇采收结束之后，放去畦沟水，停止浇水，降低菇床的湿度，待菌丝恢复后，灌回畦沟水，并加强浇水刺激促进下一潮菇的形成。

③中期管理。此期为 6 月下旬至 7 月下旬，是全年气温最高时期，出菇较少。这个阶段主要是降低菇床的温度，促进子实体的发生。一般引灌山泉水或水库水并加大流动量，增加通风量降温，防止高温烧菌。

④后期管理。此期为 8 月下旬至 9 月底，气温有所下降，菌棒经历前期、中期出菇后营养消耗较大，菌丝生长不如前期那么旺盛。如发现杂菌时可用多菌灵 100 倍液涂抹患处，第二天再用 5% 的石灰水涂刷，并将染杂菌棒移至别处，集中隔离管理，以防传染。

（2）不覆土栽培

①催菇。为增加出菇量，在灌水后加大温差的刺激，若原基形成较慢或形成困难可用竹扫把或薄木板敲打菇棒表面，可增加出菇量。

②湿度管理。第一潮菇不必灌水和喷水，畦内相对湿度都能达到 90% 以上，随着香菇子实体的增大，相对湿度逐步降低。采菇前 2 天应加强通风，将畦面空气相对湿度控制在 80%；每潮菇采收结束后，控水 20 天左右，催第二潮菇时，采用灌畦沟水的措施，水位线以不淹菇棒为止，浸透菇畦，把空气相对湿度提高到 90%，

可促子实体发生。

③温度控制。温差大有利子实体原基产生，催菇时，白天温度高要盖密薄膜，夜间温度低，要掀膜降温，人为加大温差，促进原基发生。

④通风换气。香菇是好气性真菌，每天都要通风 1～2 次，随着子实体的生长，通风量随之加大，一般是早、晚通风，夜间盖膜，如二氧化碳浓度高，则菇柄长、质量差；冬季低温少通风，春季高温大通风。

（七）采收

当菇盖未完全展开、边缘有内卷、菌褶下的内菌膜刚破裂或尚未完全破裂就应及时采收。采收最好在天气晴朗的早上进行，阴雨天尽可能不要采摘。采前数小时不能喷水，以减少菇内含水量。采摘时用拇指和食指捏住菇柄的基部，左右捻动菇即可脱落。但因香菇用途和客商要求不同，采收标准也不同。如果为鲜销，应尽量保存菌盖上的鳞片，菌盖不要有擦伤的痕迹。装盛时，要防止木屑或其他杂物掉落在菌褶部位，须保持鲜菇外观的清洁。

二、层架栽培

（一）栽培设施

1. 场地选择　层架栽培的菌棒培养时间长，一般需要跨越炎热的夏季。因此栽培的场地应选择夏季最高气温不超过 33℃、海拔 600～1 100 米、雾气少的地方。并在日照充足、昼夜温差大、排水通畅、地势高、开阔、通风、干燥的地方建棚，切忌在凹地、弯垄地建棚。菇棚朝向以坐北朝南为宜，菇架为东西走向。若为多座菇棚，宜选择在较为宽阔的田地上建棚。棚外四周应开深排水沟，降低地下水位。

2. 菇棚搭建　层架栽培的菇棚分内棚和外棚，内棚一般排放两个床架。床架高 170～180 厘米，床架分 5～6 层，底层距离地面

15 厘米，顶层外边离棚顶 25 厘米，内边离棚顶 50 厘米，架与架之间距离 30 厘米左右，床架宽 80 厘米。床架立柱之间距离为 1.3～1.5 米，两个床架之间的走道宽 70～80 厘米。

架顶用竹片弯成拱形，用塑料带固定在立柱顶端的横竹上，拱竹之间距离 25 厘米，边缘距离外柱 20～30 厘米，并用条竹绑住拱竹边缘，起保护塑料膜作用，最后用塑料膜将两个床架从头到尾全部盖住。内棚要通风时，可将两边的薄膜卷放在拱竹边缘条竹的钩上。内棚外搭遮阴棚（即外棚）。内外棚之间有 20 厘米的空间，目的是便于散热。外棚的周围遮阴要稀疏，便于通风。棚顶遮阴物疏密程度根据不同季节来调节，10—11 月调节为"七阳三阴"即少量阳光照得进菇棚，12 月至翌年 2 月棚顶遮阴物必须稀疏，调节为"八阳二阴"甚至全阳，以便阳光照进，提高棚内温度，特别是霜冻天。

（二）栽培季节及品种

栽培季节要根据选用品种的特性和当地气候条件综合安排。福建山区早熟品种的制棒期安排在 3—5 月，晚熟品种安排在 1—3 月。

（三）培养料

层架栽培模式栽培周期长，木屑最好使用质地较硬的壳斗科、桦木科、槭树科和金缕梅科等树种的木屑，粉碎颗粒比畦式栽培模式的要粗一些，如果太细，会影响香菇菌丝的生长速度。

（四）菌棒制作

1. 培养料配方　要根据品种特性和栽培季节进行适当调整，福建常用配方有如下两种。

（1）配方一　木屑 81%，麸皮 16%，石膏 1.5%，糖 1.5%，加水至含水量达 50%；该配方适用于晚熟品种。

（2）配方二　木屑 83%，麸皮 15%，石膏 1%，糖 1%，加水至含水量达 55%；该配方适用于早熟品种。

2. **菌棒制作** 培养料的配制、灭菌与畦式栽培模式相似，不同之处在于增加保水膜和塑料袋厚度。保水膜口径 14.8 厘米，长度比塑料袋短 1~2 厘米；塑料袋厚度为 0.05~0.06 厘米，口径 15 厘米、长度 52~58 厘米，一般每棒料重 1.7~1.9 千克。不宜过松或过紧，过紧，氧气难以进入棒中，且易产生破裂；过松，料棒之间空隙太大，容易感染杂菌或断棒。

接种时要做到"适时、快速"。"适时"，即接种一般要在菌棒出炉后 1~2 天，棒内温度达 20℃左右进行操作；要避开湿度过高的天气，特别是雾大雨多的 4—5 月；"快速"，即接种时间要紧凑，动作要快，尽可能 3~4 小时完成接种。

（五）菌棒培养

菌丝培养期间要打孔通气，打孔通气的次数与时间根据不同品种来掌握。

早熟种打孔通气 1~2 次：第一次在菌丝长满菌棒后，用手握住刺孔器，慢慢用力压入菌棒内 1.5~2 厘米深，每棒打孔 2~3 排；第二次在菌棒内瘤状物形成后再用刺孔器打孔 2~3 排，促进转色均匀。

晚熟种打孔通气 3~4 次：第一次在两个接种口的菌丝圈连接时，用 5 厘米长的铁钉沿接种口外围已长满菌丝的地方均匀打孔一圈，大概 3~4 个孔，孔深 1~1.5 厘米；第二次在菌丝长满后，用刺孔器在菌棒上打孔 2~3 排；第三次在菌棒内瘤状物形成后，再用刺孔器打孔 2~3 排；水分多的菌棒在上架后，气温适合于该品种出菇时，再补打一遍，打孔 30~40 个。

（六）出菇管理

1. **上架** 上架一般安排在 10 月气温较低的季节。菌棒轻、转色淡的早熟种也可提前 2 个月上架，提前上架有利于菌棒转色均匀。

上架时间应选日气温为 17~21℃，并连续保持 5~7 天的晴朗天气的中午较为合适，上架 3~5 天即可出菇。

2. 催蕾 利用温差变温催蕾。白天棚内盖好塑料薄膜，紧闭棚窗与棚门，使棚内温度高出气温 3～4℃。夜里揭膜使温差拉大到 10～13℃，连续 3～5 天。菇蕾出现后，长到直径 1～1.5 厘米时，用小刀沿菇蕾外围割破 3/4 薄膜，使其裸露。一般每棒留菇蕾 5～10 朵，最多不宜超过 15 朵。

3. 育花 菇蕾割破后，要盖塑料膜 2～3 天，避免太通风，保持一定温湿度，使其健壮生长，避免死菇。当菇蕾长到拇指头大小时，除雨天、霜冻天、刮寒风外，其余时间均掀膜通风以促进花纹形成。若大、小菇蕾生长程度不一致时，可将长有小菇蕾（1～1.5 厘米）的菌棒排放在底架，能用地膜覆盖最好，促进小菇蕾迅速生长，减少菇蕾萎缩死亡。

当菇长至 2.5 厘米时，若日最高气温在 15℃，昼夜温差在 10～12℃，可将菌棒由下层移至上层，增加光照度，降低温度，此时将产生大量白花菇。若日最高气温不超过 10℃，就应当减少遮阴物，造成"七阳三阴"，并调节棚内温度达 15℃左右。当日最高气温上升至 20℃以上时，要及时揭膜，增大通风，但顶部遮阴物要盖上，造成"半阴半阳"或"七阴三阳"。

4. 补水养菌 长了一潮菇的菌棒，如果菌棒重量在 1 千克以下，就可以用注水器补水，每棒补水量 0.3～0.35 千克。补水应在菌棒休养半个月之后进行。盖好薄膜，连续喷水 3 天，每天 1 次，当菌棒又重新长菇，菇蕾出现后，停止喷水。

（七）采收

当菇体长到标准规格大小，以花菇菌盖尚未完全展开、边缘向内卷时采收为宜。采收时用手指捏住菇柄基部先向下稍压，再轻轻旋转采下，如果是数朵丛生，采收时要一手按住菌棒，另一手一朵一朵摘下。采后的花菇要轻拿轻放，装菇的容器要求为透气性好的塑料筐或竹箩筐，每筐装菇不能超过 15 千克。采收时要保护好小菇蕾，先采成熟花菇，采时切勿碰伤小菇蕾。采收后要及时进行保鲜冷藏或烘干加工。

三、设施温控栽培

近年来，福建香菇栽培条件从自然条件向设施温控条件转变，克服了自然气候约束，确保香菇常年供给。

（一）栽培设施

1. **出菇房** 菇房建造采用聚苯乙烯彩钢夹心库板，也可用聚氨酯等其他保温材料建造。菇房长 10 米、宽 5.5 米、高 3.5 米，设前后各两个对直房门，顶上开天窗，以利于春冬季出菇时菇房通风换气和采光，地面硬化层中铺一层挤塑板（聚氨酯泡沫板，地面保温材料），达到保温效果。

2. **出菇架** 出菇房内采用"四菇架三通道"方式建置摆放，即三通道各宽 90 厘米；四排出菇架中间两架宽 80 厘米、两边层架宽 40 厘米、边架离墙 20 厘米，出菇架底层离地面高度 30 厘米。出菇架采用热镀锌管建造，立柱镀锌管直径为 25 厘米，间距 1.8 米；横杆镀锌管直径为 20 厘米，间距 20 厘米；每架共设 9 层，下 3 层每层高度各为 28 厘米，4 层以上每层高度各为 25 厘米。

3. **设施条件**

（1）**控温设施** 采用中央制冷或供热方式为出菇房提供冷气或热温。每 10 间菇房配备一台 30 匹的中央制冷（热）机组。内风机安装在出菇房顶端中央位置，采用双侧出风配置。

（2）**通风设施** 采用负压方式给菇房通风换气，在菇房通道外侧离地面 3 米处各安装 1 台 0.38 千瓦的风机。在菇房通道内侧离地 40 厘米处安装 3 处进风口，采用直径 30 厘米的 PVC 单向阀，在外端加盖过滤布。

（3）**加湿设施** 出菇时采用超声波加湿方式，每间菇房安装 1 台 12 千克/时的超声波加湿器；在给菌棒内补水或菌棒表皮补水时，采用直接雾化喷淋与针式注水相结合的装置。

（4）**采光设施** 在聚苯乙烯彩钢夹心库板上开 4 个长宽为 4

米×0.5米的天窗，天窗距菇房边缘1.5米。中间两个天窗上下采用透明亚克力板密封，保证菇房的采光与保温性能。两边天窗用亚克力板做成一个活动天窗，让天窗可开也可关。在气温适合香菇生长期间，通过天窗活动开关，促进菇房通风透气，降低能耗。

（5）**配套设施** 原料仓库、拌料车间、菌棒生产车间、净化接种间、菌种培养室、菌棒培养室、产品分选、冷藏库、成品仓库等配套设施与食用菌工厂化栽培要求大致相似。

（二）品种

应选择菌龄中等、出菇整齐、子实体肉质厚、朵形大而圆整的申香1513、申香215等单生品种。申香215属于广温型品种，菌龄100～110天、菌丝粗壮浓白、抗逆性强、耐高温能力强、越夏安全。子实体单生，菇形圆整；菌盖浅棕色，菌肉结实，菌盖纵切面顶端呈凸形；菌柄常规为柱状，低温时上粗下细，属于中等长度。申香1513属于中温型品种，菌龄100～110天，菌丝浓白强壮、抗逆性强；出菇稀密适中，整齐度好；子实体单生，大型，菇形圆形或椭圆形，菇盖黄褐色，菇肉厚，菇质硬，开伞慢，极易成花。这两个品种抗逆性较强，出菇稳定、产量高和品质优，适合温控设施栽培。

（三）菌棒制作

1. **木屑预处理** 壳斗科、桦木科、杜英科、金缕梅科等阔叶树种的木屑均可用于生产。木屑颗粒度需经过16目筛。木屑需提前堆积发酵，在露天高温条件下，用水充分淋湿浇透，堆积发酵25～30天，其间翻堆一次。在较低温条件下延长堆积发酵时间，至少2个月。

2. **菌棒制作** 菌棒制作与上节栽培模式大致相同，但培养料配方通常采用基础配方，即阔叶树木屑79%、麸皮20%、石膏1%。塑料袋规格为15厘米×55厘米，菌棒湿重1.9千克左右。

（四）菌棒培养

菌棒培养分两阶段进行。第一阶段为菌丝生长阶段，从接种到放大气后两天，养菌时间约 50 天。菌棒在净化车间接种后，套上外袋，移送到培养库进行培养，前 3 天库房温度控制在 19～21℃，以后库房温度控制在 20～23℃，空气相对湿度 70％左右，暗光条件下培养，二氧化碳浓度控制在 0.4％以内。12 天后将外袋撕开，20 天后脱掉外袋。对菌棒进行 2 次刺孔，第一次刺孔在接种口菌丝长至菌落直径 8～10 厘米时，结合脱套袋进行，在每个接种口四周刺 4 孔，深度在 1.5 厘米左右；第二次刺孔在菌丝满袋后菌棒表面出现部分白色瘤状物凸起时进行，每段菌棒沿纵向刺孔 8 排，每排孔数为 5 孔，孔深 2～2.5 厘米。第二阶段为菌丝后熟阶段，养菌时间为 55～60 天。菌棒刺孔 2 天后，进入菌丝后熟培养，此时菇房温度控制在 21～22℃，空气相对湿度在 70％～75％，二氧化碳浓度控制在 0.4％以内，在弱光条件下培养，促进菌棒转色。

（五）出菇管理

1. 诱导　菌棒培养成熟后（如申香 1513 培养期为 100～110 天），应将菌棒移入出菇房，结合搬动对菌棒进行惊蕈诱导，此时出菇房温度控制在 12℃左右，空气相对湿度控制在 85％左右，暗光培养 24 小时。

2. 催蕾　温差刺激后将菇房温度调至 19～21℃，培养 2～3 天，空气相对湿度控制在 90％～95％，二氧化碳浓度控制在 0.3％以内，光照强度为 200 勒克斯，促进菌丝扭结现蕾。

3. 出菇管理　待原基直径达 0.3～0.5 厘米时，脱去塑料袋。出菇房温度控制在 18～22℃，空气相对湿度前期为 85％～95％，后期调低至 80％，二氧化碳浓度控制在 0.2％以内，光照强度 100～200 勒克斯，促进子实体生长一致性，缩短生产周期，及时补充新风，防止菇柄过细过长，减少畸形菇的发生，提高商品菇率。

4. 疏蕾　当香菇菌龄过长或诱导过度时，易出现暴发性出菇的现象，当出菇朵数超过 50 朵时，子实体朵形小、菌盖薄、质地软，影响商品性状，建议及时进行疏蕾，单个菌棒保留子实体 25～30 个，让菇蕾均匀分布在菌棒上，以保证产量与质量。

5. **转潮养菌** 第一潮菇采收后，菌棒进行恢复养菌。此时菇房温度控制在 20～22℃、空气相对湿度 75%～80%、二氧化碳浓度 0.15%～0.2%，暗光培养 15～20 天。

6. **补水** 菌棒恢复培养结束后，及时给菌棒注水。注水后菌棒重量控制在 1.5～1.6 千克，并每天对菌棒喷淋加湿两次，促进子实体生长。喷淋加湿后的菇房注意通风换气，但仍让菌棒保持一定水分，表皮不能过干。

7. **第二潮出菇管理** 菌棒注水 2 天后，进入出菇管理，方法与第一潮菇的管理相同。

（六）采收

当香菇子实体长到八分成熟、出现铜锣边时，在菌膜未破的状态下进行采收。采收前 2～3 天，应将菇房空气相对湿度调至 70%～80%，减少水分供给，可提高香菇品质。采收后应立即进行分级、预冷，再移入冷库保存、包装、销售。

第四章 PART FOUR

浙江香菇栽培技术

香菇人工栽培技术起源于浙江省的龙泉市、庆元县和景宁畲族自治县，距今已有800多年，经历了砍花法、人工纯菌种段木栽培法、纯菌种压块法和大田荫棚菌棒栽培法等四个主要发展阶段。香菇是浙江省第一大菇类，常年栽培量7亿袋左右，是浙江丽水、金华山区农民赖以生存的主导产业。

20世纪80年代起，浙江在国内率先研究出大棚秋季栽培法、半地下栽培法、夏季低海拔覆土栽培法、高棚层架栽培法及高温香菇栽培法等一系列新模式。20世纪90年代起，大量的浙江菇农走出浙江，到全国各地建立示范基地，为南菇北移、东菇西移起到了香菇产业发展、技术转移的重要作用。本章以浙江为例，重点对大棚秋季栽培法、高棚层架栽培法和高温香菇栽培法作介绍。

一、大棚秋季栽培

大棚秋季栽培指一般于每年6—8月进行生产，当年冬季和翌年春季进行出菇的栽培模式。其栽培场地要求地势平坦、光线充足、水源干净、排灌方便、土壤透水保湿性好，洁净通风；生产集约化程度较高，拌料、制棒等环节基本实现机械化，是城郊结合部以生产鲜香菇为主的栽培模式。

（一）栽培设施

1. 设备

（1）木屑加工设备 主要机械设备有枝丫材切片机、木片粉碎机、木材粉碎机。在生产中大部分菇农一般直接应用木材粉碎机加工木屑，少部分应用切片机和木片粉碎机联合加工木屑。

（2）菌棒生产设备

①个体菇农或合作社。装袋机 1～2 台、扎袋机 1～2 台、扎袋配件、蒸汽发生炉 1 个、自走式香菇料拌料机。

②制棒厂。全自动香菇装袋机、搅拌机、容量为 10 000～15 000 袋的常压灭菌灶 5～6 个、灭菌架若干。

（3）接种设备 目前使用的接种设备主要有电动打孔器、接种箱、超净工作台、移动式空调、全自动或半自动接种机等。

（4）杀虫、消毒设备 采用的杀虫与消毒设备有紫外线消毒灯、臭氧发生器、喷雾器等。

（5）培养设备 大棚棚顶架设喷水降温水管，配备抽水泵 1～2 台，在培养室培菌需配备空调、风扇、加热器、增湿器等。

（6）出菇设备 栽培用给水增湿设备主要有悬挂在棚顶的喷雾设备、水管、单管多针头式补水器。

（7）保鲜设备 2～6℃冷库，一般冷库容量按照生产方的销售情况修建。（浙江地区通常为 12～18 米^3/万袋）。

2. 菌棒培养室
浙江菇农通常在出菇大棚发菌，也有少量菇农有专门的菌棒培养室。大棚发菌在棚顶应覆盖黑白膜，并安装喷水降温水管，棚内注意控制发菌菌棒的密度，做好通风换气。菌棒培养室要求通风、干燥、阴凉，有较大面积的可开关门窗，以便通风。在无控温设备的状况下，在低海拔地区（海拔 200 米以下），菌棒越夏培养一般每平方米放置 80 根以下的菌棒，防止因高温产生"烧菌"。

3. 出菇大棚
目前浙江地区的秋栽出菇大棚为高 3.3～3.5 米的高棚模式，搭建高棚的材料有钢管、铁丝、大棚薄膜、遮阳网、黑白膜、棚顶喷雾设备。

（1）大棚规格 大棚的规格有多种。主要有长 30～60 米、中高 3.3～3.5 米、宽 8 米、内设 5 个畦床菇架（两边畦宽各 0.75 米、中间宽 1.35 米、走道宽 0.6 米）的钢管大棚，在大棚上盖上 12.5 米宽的普通大棚薄膜，两侧用卡膜槽弹簧固定薄膜，盖上遮光率为 90% 的遮阳网，最后盖上 10 米宽的黑白膜。

（2）菇架搭建 在每个畦床上设高 28 厘米左右的横档，横档上每隔 17.5 厘米缠绕固定一根铁丝，一端或两端连接花篮螺丝（调节螺丝），用铁丝纵向拉线，每畦的横档打入两个 40～45 厘米长的钢管或木桩，以固定横档，通过一端或两端的花篮螺丝调节铁丝松紧度，逐条拉好即完成。每隔 1.6 米设一横档。

（二）品种

目前市场对菇形圆整、菇肉厚、菇面白、菇脚短、耐储藏的香菇有较大需求，品种的选择恰当与否直接影响到菇农的效益高低。大棚秋季栽培模式应用范围广，其选用的品种主要有浙香 6 号、浙新 1 号、L808 等。

（1）浙香 6 号 中高温中熟型品种，菌丝生长适温 20～25℃，宜在 10～24℃时经 6℃ 以上昼夜温差刺激出菇，子实体生长适温 15～20℃。菌龄 90～110 天，出菇潮次明显；耐高温性较强，适于设施栽培，浙江平原地区适宜接种期为 7 月底至 8 月底，尤其适于 5—6 月和 9—10 月淡季出菇。子实体中叶，圆正，盖面深褐色，偏干时黄褐色，盖缘鳞毛明显；菌盖厚，菌肉白色，组织结实致密，不易开伞；菌柄白色，直圆柱形；口感好、风味佳、商品性优。

（2）浙新 1 号 中温型品种，菌丝生长适温 20～25℃，菌丝粗壮浓白，发菌速度快，原基形成需要 6℃ 以上的温差刺激，子实体生长适温 15～20℃，浙江平原地区适宜接种期为 7 月底至 8 月底，菌龄 110～120 天；子实体中叶，菇面浅褐色，菇形圆整，菇盖较厚，菌肉白色，组织结实致密，不易开伞；畸形菇少，商品性优。

（3）L808 中高温型中熟品种，菌丝粗壮、抗逆性强、适应性广；菌龄 120 天。菌丝生长温度 5～33℃，最适生长温度 25℃，出菇温度为 12～25℃，最适出菇温度为 15～22℃；子实体分化时需 6～10℃以上的昼夜温差刺激。浙江平原地区适宜接种期为 7 月底至 8 月底，出菇期为当年 11 月至翌年 5 月。子实体单生，中大叶，朵形圆正，畸形菇少，菌盖直径 4.5～7 厘米，半球形，深褐色，颜色中间深，边缘浅，菌盖丛毛状鳞片较多，呈圆周形辐射分布；肉质厚，组织致密，白色，不易开伞，厚度在 1.2～2.2 厘米；菌柄短而粗，长 1.5～3.5 厘米，粗 1.5～2.5 厘米，上粗下细。

栽培户应至少栽培特性不同、来源不同的两个香菇品种，防止气候变化导致减产甚至绝收。

（三）培养料

木屑中含有木质素、纤维素等大分子化合物，可以为香菇提供碳源，麦麸中含有大量的有机氮源，可以为香菇提供氮源，合理的碳氮比是香菇丰产的关键，香菇的培养料以木屑、麦麸为主料，添加一些糖及缓冲剂作为辅料，按一定比例配制而成。

1. 主料

（1）木屑 阔叶类树木的木屑较适合香菇栽培，如栎、麻栎、栲树、米槠、青冈栎等树种，含挥发性气体的树木不适用于香菇栽培，如山茶科的木荷、樟科的樟树等。木屑的颗粒度也会影响香菇生产，通常采用不同粗细的木屑颗粒相搭配较好，同时确保培养料有较好的持水力和通气性。木屑太粗，易刺破塑料袋从而增加菌棒污染率，孔隙度较大，菌丝生长快，但分解慢，影响营养的积累，从而影响出菇；木屑太细，会导致培养料的孔隙度过小，影响菌棒的通气性，从而影响香菇菌丝的生长。通常料棒厂在生产料棒 2～3 个月前开始粉碎木屑，将木屑堆置，发酵 2～3 个月，经过堆置发酵的木屑表面柔软，不易刺破筒袋。

（2）麸皮 应选用新鲜、无污染、无虫蛀的麦麸作为香菇氮源，麦麸不能长时间储存，不能一次采购过多，应存放在干燥、阴凉的地方。

2. 辅料

（1）糖 在培养料中添加糖主要是为香菇菌丝定殖初期提供营养。糖分为红糖、白糖，均可用于香菇栽培，但红糖要好于白糖。

（2）pH 缓冲剂 香菇中最常用的 pH 缓冲剂是石膏粉，添加量为 1%～2%，以调节培养料的 pH，香菇最适宜的 pH 为 5.5～6。

（3）微量元素 菇农在香菇生产中通常会添加少量的微量元素补充剂，如丰优素、菇丰素等，添加量通常为 0.15%～0.2%。

（四）菌棒制作

1. 菌棒制作的原材料

（1）栽培塑料袋 一般选用高密度低压聚乙烯袋。塑料袋呈白色蜡状，半透明，柔而韧，抗张强度好，抗折率强，能耐 100～110℃高温。规格为 15 厘米×（53～55）厘米，厚度为 0.06～0.065 厘米。塑料袋要求厚薄均匀，筒径和宽度大小一致；料面用肉眼观察无针孔、无凹凸不平、无粒状物。

（2）保水膜 主要由聚乙烯添加少量碳酸钙制作而成，柔而韧，半透明。在栽培塑料袋的内层中使用保水膜，较栽培塑料袋折径小 0.3～0.5 厘米，规格为（14.5～14.7）厘米×（50～52）厘米，厚度为约 0.008 厘米。

（3）塑料薄膜 常用的是高压聚乙烯薄膜。质地柔软、白色透明，用于接种后保湿防尘和香菇大棚用材料。市场上常见的规格有幅宽 4 米、6 米、8 米、10 米，厚度 0.06 厘米、0.07 厘米、0.08 厘米等不同规格。

（4）其他材料 U 形卡扣用于食用菌栽培袋扎袋；透明胶布用于封口；药用酒精、药用酒精棉，用于接种时菌种表面、手、打孔器具等消毒；用于菌种和场地消毒的各种低毒杀菌剂；接种空间消毒用气雾消毒剂；用于场地杀虫的杀虫剂等。

2. 培养料配备

（1）备料 秋季袋栽香菇季节性很强，生产季节集中在 7 月中旬至 8 月下旬，栽培所需原料必须在生产季节前准备好，木屑需要在生产前一个月备好，不易保管的麦麸、糖也应在生产前一周内备好（表 4-1）。

（2）配料 杂木屑 75%～77%，麦麸 22%～24%，石膏 1%，pH 自然，这是目前浙江省秋栽中应用最多的配方。一般每支标准菌棒（15 厘米×55 厘米）的重量为 1.8～2.0 千克。

（3）制棒厂配料 制棒厂在购入拌料机后，通常按照厂家提供的一个配料桶可装料棒数来计算麦麸和石膏粉用量，将麦麸和石膏粉先添加进配料桶，再加入木屑，直至加满配料桶，在随后的生产中，通过配料桶可装实际料棒数对料棒数进行修正。配料桶上方安装有电动筛，培养料要过筛后才能进入配料桶，小木片、小枝条等会被筛出。

（4）菇农配料 对于杂木屑等数量大且含水量变化大的原料，一般采用测量体积的方法，先用一只箩筐装好木屑后用装袋机试装，得出一筐木屑装的袋数，再计算出一锅需要多少箩筐木屑，按照袋数计算麦麸和石膏粉的添加量。农户拌料通常采用自走式拌料机。

（5）含水量 秋栽适宜的培养料含水量为 55%～60%。生产实践中，很难确定原料的含水量，因此凭菇农的经验和感官来测定，一般用手抓一把料用力捏成团，指缝间有水痕渗出但无水滴下，松开料仍成团但落地即散为含水量适合；同一批木屑，在第一次含水量确定后，料棒厂通常通过固定加水时间来控制含水量。

表 4-1 每 1 万袋菌棒生产主要原料备料数量（仅供参考）

原料名称	数量	原料名称	数量
杂木屑	8 000 千克（干）	塑料袋	10 000～11 000 只
麦麸	2 000～2 250 千克	8 米宽薄膜	10 千克
丰优素	15～20 千克	酒精	3 瓶（500 毫升/瓶）

（续）

原料名称	数量	原料名称	数量
石膏粉	100～225千克	气雾消毒盒	30盒
杀虫剂、消毒剂	若干瓶	栽培种	400～600袋
透明胶布	1个	新洁尔灭	2瓶
糖	30～100千克	药棉	2包

3. 装袋

（1）制棒厂装袋　通常制棒厂一个机组会配备5～6台装袋机，1台装袋机配2人，1人套保水膜，1人套外袋，2～3人检查料棒是否有微孔，及时贴上胶带，2人负责将料棒上架，1人负责运送料棒到灭菌灶。

（2）个体菇农或合作社装袋

①装料。拌料结束后应立即装袋，采用装袋机装料，一台装袋机配4～5人为1组，其中铲料1人，套袋装料1人，递袋1人，扎口1～2人（扎袋机扎袋口）。先将保水膜未封口的一端张开，套在出料口的套筒上，再将塑料袋未封口的一端张开，整袋套进装袋机出料口的套筒上，右手紧托，左手卡压到套筒上的袋子，当料从套筒输入袋内时，右手顶住袋头往内紧压，形成内外互相挤压，使料紧实，此时左手顺其自然后退，当装料接近袋口6厘米处，即可停止装料，取出料袋竖立在筐内，以待扎口。

②扎口。有手工扎口和机器扎口两种方式。手工扎口方法：按装量要求增减袋内培养料，左手抓袋口，右手将袋内料压紧，清除粘附在袋口的培养料，收拢袋口旋转至紧贴培养料，用纤维绳扎绕3圈，将袋口折回再绕2圈后从折回的夹缝中再绕2圈拉紧即可。该方法扎口的菌棒在灭菌过程中不会出现胀袋现象，防杂效果好。但目前大部分菇农已采用扎袋机封扎袋口，该法生产速度快，且对提高效率、防止料的酸变有较好的效果。

4. 灭菌　一般采用常压蒸汽灭菌法灭菌。目前香菇产区灭菌灶以塑料薄膜灶为主，建设成本低，不占空间，此外也有少量农户采用砖砌灶、铁灶等。

（1）菌棒堆叠 菌棒堆放要合理，一是堆放要能确保蒸汽畅通，温度均匀，灭菌彻底。二是要防止塌堆。料棒厂通常用不锈钢铁架装载菌棒，采用"一"字形叠法，塑料薄膜灶的堆放四角采用"井"字形，中间采用互连"井"字形排列，这样可防止塌堆且蒸汽畅通。砖砌灶、铁灶的堆放采用"一"字形叠法，排与排间留一定的空隙。

（2）温度调控 灭菌开始时，火力要旺。力求在最短（5小时以内为佳）时间内使灶内温度上升至100℃，以防升温缓慢引起培养料内耐温的微生物继续繁殖，影响培养料质量。只有当灶下部的菌棒温度达到98℃以上才可以开始计时，保持14～18小时，中间要匀火烧，不能停火，锅内水分不足时应加80℃以上的热水；补充水的温度低于80℃，易使灶内温度下降从而影响灭菌效果。在灶内温度升到100℃的过程中一定要注意排放"冷气"。如"冷气"排放不尽，极易导致灭菌不彻底。100℃是指菌棒的料心温度，而非菌棒表面温度。

（3）出锅冷却 灭菌结束后，应待灶内温度自然下降至80℃以下再开门，趁热把菌棒搬到冷却室进行冷却，这样操作可以减少塑料袋胀袋。冷却时以"一"字形叠法，每堆8～10层，排与排间留一定的空隙，待料温降至28℃以下，用手摸菌棒无热感时即可接种。

5. 接种 目前浙江香菇菌棒接种方式有两种：一种是开放式接种法，另一种是接种箱接种法。

（1）开放式接种法 接种时，料温应降至28℃以下。目前香菇菌棒最普遍的接种方式是开放式接种法，它是一种省工、高效、有较高成活率、相对使人舒适、易掌握的接种方法。

①冷却接种场所杀虫消毒。开放式接种法的冷却场所即为接种场所，要求卫生条件要好。先打扫冷却接种场所内的地面、四壁和屋顶，用杀虫剂、消毒剂对地面、四壁和屋顶喷洒后关闭门窗杀虫、消毒24小时，打开门窗透风，再用塑料薄膜平铺地面待用。

②菌棒处理。将菌棒出灶至该场所，用薄膜覆盖。为防止形成冷凝水，要经常掀开覆盖膜通风，如此，直到完全冷却至可接种菌棒的温度。将菌种及其他物品放置在菌棒堆上，然后将气雾消毒剂（每 5 000 袋用 1 000～1 500 克）点燃，并用薄膜把料棒覆盖严密，尽量不要让气雾消毒剂的烟雾逸出来，消毒 3～6 小时。

③接种前放气。开放式接种先把房门打开，用塑料棚帐式接种的则可把棚门打开，再将覆盖菌棒的薄膜掀开一部分，让含氯气雾剂不断逸出到环境中，直到接种点的含氯气雾浓度不影响接种人员健康呼吸，即可进行接种。

④接种方法。通常一组 6 个人，1 人打孔，3 人接种，2 人搬菌棒。袋装菌种先用沾有酒精的酒精棉擦洗菌种表面后，用小刀片在菌种上部 1/4 处环绕一圈，掰去上部 1/4 菌种及颈圈、棉花部分，剩余 3/4 菌种用于接种。菌棒接种面用沾有酒精的酒精棉或毛巾擦拭 1～2 遍，完毕后用打孔器（打孔棒）在料棒表面均匀打 3～4 个接种穴，直径 2.5 厘米，深 3.5～4 厘米，用手将菌种掰成接种孔大小的菌种块，塞入接种穴。

（2）接种箱接种法

①消毒。用含氯气雾消毒剂灭菌，用量为每立方米（箱）4～8 克，时间为 50～60 分钟。

②进料。先将灭菌冷却后的菌棒搬至箱内；将菌种用酒精棉擦净，放入接种箱。

③接种。双手用清洁的水洗净，伸入接种箱内，用 70％～75％的酒精棉擦洗双手，然后点燃酒精灯，灼烧消毒各种接种用具，再处理菌种。菌种处理与接种方法同开放式接种法。

（五）菌棒培养

菌棒培养发菌是香菇栽培的重要环节，出菇产量、菇质与发菌管理密切相关。场地选择、刺孔、堆放方式、温度、湿度、氧气、光照都是菌棒培养的重要环节和要素。

1. 场地选择 秋季栽培的发菌场地要求阴凉通风、干燥、卫生、防暑降温效果好；要求远离猪圈、鸡场等不卫生场所。浙江地区菇农大部分直接将出菇用的大棚作为发菌场地，少量用空房作为发菌场地。

2. **堆放方式及翻堆检查**　刚接种后的菌棒一般采用墙式堆叠法排放。层高一般 7～10 层（视气温、通风、湿度、光照等条件而异）。每行或每组之间留 40～50 厘米的走道，以便检查。当菌丝圈直径达 4～5 厘米时进行第一次翻堆检查，翻堆检查后把无杂菌的菌棒堆在一起，把污染菌棒搬出并及时清理。翻堆检查后，一般采用一层三袋△形堆放或一层三袋"井"字形堆放，每堆高 6～8 层，每堆间隔约 20 厘米。

3. **温度、湿度、光照管理**　秋栽培养发菌期间，温度较高时，早晚打开菇棚通风，上午 8 时至下午 6 时将棚头遮阳网放下，防止热空气进入，同时打开棚顶水管，通过喷水降温。气温较低时，早晚将棚头遮阳网放下，安排在中午进行通风，以提高堆温，有利于加速菌丝生长及营养积累，促进菌丝生理成熟。

4. **刺孔通气管理**　正常情况下浙江地区的菌棒仅刺孔通气 1 次。在菌丝满袋后 7～10 天刺孔通气，这次刺孔为大通气，孔深 3～4 厘米，全袋孔数 50～70 个。刺孔的数量、时间要视菌棒的含水量和空气湿度、气温、堆温、一定面积场地上菌棒堆放数量以及场地的环境等条件灵活掌握和运用。装袋紧密或配料含水量高的菌棒刺孔时可适当刺深些，孔数刺多些；装袋较松或配料含水量偏低的菌棒要减少刺孔数，深度也浅一些。刺孔深度上要掌握：不得刺入菌丝不浓密区域；禁止在料壁分离区域刺孔；禁止在有污染区域刺孔。发菌场地通风干燥的，刺孔数要减少，孔也要刺得浅一些；反之则多些、深些。要严格掌握刺孔时的气温和菌棒培养堆内温度，培养场地的气温超过 28℃时禁止刺孔。刺孔要与菌棒转色结合，要切实防止菌棒失水过多，形成料壁严重脱离，造成菌棒转色过厚，对出菇造成影响。

5. **转色管理**　转色好坏直接影响出菇快慢、产量高低、品质好坏、菌棒抗杂能力的强弱及寿命长短等。刺孔时，要将污染菌棒挑出，避免刺孔交叉污染。菌棒刺孔后，要减少堆叠层数，增加堆间距，白天把四周覆盖的塑料膜拉空通风、增加散射光，晚上闭棚，减少温差刺激，避免菌棒未转色就出菇。有相当一部分菇农在菌棒刺孔后，直接排场，在出菇大棚进行转色。

（六）出菇管理

香菇出菇的过程，大体上分为原基形成期、菇蕾形成期和子实体生长期等 3 个阶段。每个阶段需要不同的环境条件，出菇管理就是创造适合香菇生长所需环境条件，生长出市场需要的质量和数量的香菇。

1. **排场、脱袋** 脱袋及转色管理是出菇管理中重要和关键的一个环节。脱袋时间选择和脱袋后技术运用的合理与否直接关系菌棒出菇量的多少、菇的质量高低、菌棒的寿命长短等。

（1）**排场、脱袋时间** 6—8 月接种生产的菌棒，到 11 月 20 日左右基本达到足够的菌龄和积温。此时，用手握菌棒，菌棒有弹性，上有少量菇蕾产生，就可以在低于 25℃ 的合适天气、有 10℃ 以上较强温差的条件下，进行排场、脱袋出菇。在浙江地区脱袋一般选在晴天或阴天的上午进行。

（2）**脱袋方法** 脱袋方法有两种：一种是采用"十"字交叉法，左手握棒，右手拿刀片，在菌棒一侧划"十"字，轻拉"十"字开口处，可将一端袋膜脱去，左手转动菌棒，右手拉膜将整个菌棒脱下；第二种是左手握棒，右手拿刀片，在菌棒一侧划半月形，将弧面开口下拉，转动菌棒便可将整个塑料袋脱掉。

2. **秋菇管理** 浙江地区秋季大棚式栽培的脱袋出第一潮菇时间一般是 11 月下旬至 12 月上旬。此时气温最高温度为 20~25℃，最低气温为 10~15℃，有 10℃ 左右的温差，空气相对湿度高，非常适合香菇的生长，此时会导致头潮菇集中，为保障香菇的品质，通常进行疏蕾工作。疏蕾的方法是左手拿菌棒，右手握刀片，沿香菇根部割断；疏蕾的原则是去掉畸形菇和去小留大；若菇蕾长出时，温度较高，则每棒留 8~10 个菇蕾即可；若菇蕾长出时，温度较低，则每个菌棒留 15～18 个菇蕾。此时把四周塑料膜拉空通风，加大通风量以防止霉菌污染。

3. **转潮管理** 第一潮菇采收后，停止喷水，增加通风，降低菇床湿度。减少菌棒内的水分使菌棒内氧气增加，菌丝体恢复生长，养菌 7 天左右，菇棒采菇后留下的凹陷处发白表明培养基内菌丝得到恢复和复壮，视菌棒含水量进行补水。含水量较高的要放低覆盖的薄膜，拉大温差、湿差，刺激原基形成；若菌棒较轻（原重的 1/3～1/2），在养菌 7 天左右后，注水补充水分，使菌棒含水量达 60%～65%（注水至菌棒表面有淡黄色水珠涌出为宜），再拉大温差刺激，3～4 天后，就会形成第二潮菇。

4. **冬菇管理** 冬季气温低，菌丝新陈代谢活动弱，营养积累慢，原基分化和子实体形成缓慢。采用大棚式栽培法晴天棚温上升快、保温效果好，管理重点是采取措施提高和控制好温度。提高冬菇产量的另一措施是选择合理的催蕾方法，缩短菇蕾形成的时间，增加菇蕾形成的数量，尽量多出几潮菇。

5. **春菇管理** 春季前期气温不高，主要是控制好棚温和抓好菌棒补水工作，冬菇采后，菌棒休息复壮 5～7 天后需及时补水，促进菇蕾发生，出菇后要及时把遮阳网位置恢复原位，每天通风 1 次，每次 30 分钟，视天气状况决定喷水量，直至采收，采收后及时养菌补水催蕾。春季后期气温高、湿度大，重点要抓降温，控水，加强通风，防止霉菌污染。一般采取的方法是：加厚遮阳网；大棚外喷水降温；开启一端棚门的薄膜以降低白天棚温；早晚喷水通风各一次，每次 30 分钟，以达到降温、增氧、保湿的作用。采收后打开两端棚膜门养菌 3～4 天。

（七）采收

按市场销售要求适时采收，以提高栽培效益。一般在子实体达六七分成熟（即菌膜未展开、菌盖内卷）时采收，秋末冬初及春季后期气温高，子实体容易开伞，为提高菇品质量，要求每天早晚各采摘一次；冬季及春季早期气温较低，每天早上采摘一次。香菇采收时不能把菇柄基部留在菌棒上，以免杂菌侵染。

二、高棚层架栽培

高棚层架栽培模式具有较好的空间利用率，越来越多的生产者采用高棚层架栽培模式进行香菇生产。高棚层架栽培模式适用性广泛，不仅局限于花菇的生产，还可以扩展到鲜菇、烘干菇及高温香菇的生产中。本篇重点介绍春季生产、冬季出菇的花菇模式。高棚层架栽培模式从备料、装袋、灭菌、接种、养菌直至催蕾的操作技术均与普通香菇生产都大同小异，但在品种选择、菇棚搭建和出菇管理上有一定的区别。

（一）栽培设施

1. 设备　参见本章"一、大棚秋季栽培"。

2. 菌棒培养室　参见本章"一、大棚秋季栽培"。

3. 出菇房

（1）场地选择　栽培场地应选择在空气流通、冬季有西北风走动、日照时间长、地下水位低和给水又方便的山地、旱地及排水性好的农田。作为无公害香菇栽培的出菇场所，应选择不受污染源影响或污染物含量限制在允许范围之内、生态环境良好的区域，其出菇管理用水、土壤质量、空气质量必须达到相应标准。

（2）菇棚搭建　高棚由遮阳棚、拱形塑料大棚、多层菇架3部分组成。遮阳棚又称高棚，高4.3～4.5米，用钢管、竹、木搭成，支柱设在走道旁，菇棚南北窄、东西长，便于空气流通。上而加盖遮阳网等以防烈日曝晒。遮阳棚下搭建塑料大棚，高3米、宽4米，肩高1.8～2米，一般用钢管作骨架，棚顶塑料薄膜用压膜线或塑料绳固定，塑料大棚四周的薄膜要可升可降，便于调节菇棚内温湿度。为防止地下水蒸发引起菇棚内空气相对湿度升高，除菇棚四周要深挖排水沟外，菇棚内地面可用塑料薄膜或油毛毡覆盖。若土壤干燥的，也可在地表铺一层干沙子。多层栽培架是用于摆放菌棒出菇的，可用木材、毛竹、钢管搭建，由于钢管结实耐用，目前越来越多菇农使用钢管搭建栽培架，一般 6～7 层，层距 0.2～0.25 米，底层高 0.25～0.35 米，架宽 0.35～0.40 米，中间两排并拢，两边各设一排，左右两面操作道宽度 0.8～0.9 米。另外，在菇棚不同部位挂几只干湿温度计，以便随时观察并调控温度、湿度。菇棚四周应保持有半径 2 米的开阔地，以利于通风。

（二）品种

目前浙江地区在生产中比较容易成花的优良品种主要有庆科 20 和 9015 两个。

（1）庆科 20 属低温型中熟品种，菌龄 90～120 天，出菇温度 8～22℃，最适温度为 14～18℃；对氮源需求量大，产菇期与海拔高度、光照时间等因素有很大关系，浙江产菇期一般来说为当年 11 月至翌年 4 月；子实体分化时需 6～8℃的昼夜温差刺激，菇形、菇质优良，该菌株朵形圆整，菌肉肥厚，菌盖呈淡褐色，有少量淡色鳞片，畸形菇少，商品价值高；该菌株抗逆性强，耐高温，较适宜高棚层架栽培。

（2）9015 主要表现为菌龄弹性大，作花厚菇栽培时菌龄 120～150 天；属中温偏低型品种，出菇温度 8～25℃，最适温度为 15～18℃，25℃以上易出现畸形菇或不出菇，成花一般较易，空气相对湿度不高于 65% 即能成花。所产香菇菌肉肥厚、质地较硬，鳞片明显，不易开膜，是一个大叶型品种，菇质优、产量高；缺点是菇柄较粗长、偏生。在低温环境中菇蕾易发生，菇蕾形成需较强烈的机械（震动）刺激。菌丝耐高温性较好，抗逆性强，高、中、低海拔均适宜栽培。

（三）培养料

与香菇大棚秋栽模式相比较，生产上配方有所改变。主要是考虑了安全越夏、转色及菌棒培养时间较长等因素。主要配方如下（按干原料的重量比计算）：对于庆科 20 品种，杂木屑 73%，麦麸

25%，糖 1%，石膏 1%或钙粉 0.5%，料水比为 1:(1.2~1.3)，pH 自然；对于 9015 品种，杂木屑 78%，麦麸 20%，糖 1%，石膏 1%或钙粉 0.5%，料水比为 1:(1.2~1.3)，pH 自然。

（四）菌棒制作

生产季节一般安排在 2—4 月，菌棒越夏后冬季出菇。菌棒制作的具体方法参见本章"一、大棚秋季栽培"。

（五）菌棒培养

1. **场地选择**　参见本章"一、大棚秋季栽培"。

2. **堆放方式及翻堆检查**　参见本章"一、大棚秋季栽培"。

3. **温度、湿度、光照管理**　在湿度管理上，主要是防止湿度过高。雨天或场地潮湿引起湿度过高时，可在地面撒生石灰吸湿降低湿度，湿度高不仅有利于杂菌的滋生繁殖，而且会因空气中的含氧量少而减弱菌丝生长能力。在十分干燥和空气湿度过低的环境下，要注意采取减少刺孔数量、培养场地内放置水盆等措施，以减少菌棒内的水分损失。在室内培养发菌条件下，宜在室内安装风扇和空调，以利于空气流通、降温和降湿；在室外培养发菌条件下，要注意通风、遮阳、温度调控。在整个培养发菌期，除出菇前 1 个月外，都以暗培养为主，门窗应挂遮阳网等物遮阳，防止太阳直射，防止菌棒转色过厚，导致出菇难。出菇前 1 个月，要增加散射光，这样有利于菌丝生理成熟，要避免光照过强如直射光照射，菌棒受强光照射会导致菌丝老化，过早产生原基，影响产量。

4. **刺孔通气管理**

①刺孔通气次数和操作方法。目前浙江地区的菌棒通常需要刺孔通气 1 次。在菌丝满袋后 7~10 天刺孔通气，这次刺孔为大通气，孔深 3~4 厘米，全袋孔数 60~80 个。

②刺孔管理的原则和注意事项。参见本章"一、大棚秋季栽培"。

5. **越夏管理**　室内越夏的，宜在通风良好、夏季凉爽的底层房间发菌，菌棒排放要留通风道。要增加培养房四周的遮阳设施，如凉棚、遮阳网等。在高温来临时，要注意散堆，轻拿轻放，避免震动菌棒，并且应安排在早晚低温时段进行。散堆的要求是：由原来的四横四直堆放，改为△形或"井"字形推放，堆高3～5层。近中午可关闭门窗，傍晚通风换气散热，总之，利用一切可利用的条件进行通风降温。

高温期间，禁止对菌棒采取刺孔通气、翻堆等措施，防止菌丝呼吸作用增强而提高堆温。刺孔通气应选择高温来临前天气凉爽时进行，并且同一房间内要分批进行。刺孔后温度上升较快，2～3天内每天应加强通风散热，防止菌棒因高温而闷菌死亡。

（六）出菇管理

1. 出菇前管理 越夏后，由于刺孔增氧会导致袋内水分大量蒸发而引起缺水，因此对重量过轻的菌棒，在出菇前7～10天进行补水，使每袋重量达1.5～1.6千克。保证袋内有充足水分，供给幼蕾生长发育。注水时气温不应超过25℃，水温需比菌棒温度低5℃以上。注水后，让菌棒表面晾干，然后保持菇棚空气相对湿度为80%～84%，温度不超过20℃，从而促进菇蕾发生。

2. 适时排场上架 目前浙江地区花厚菇栽培，通常情况下菌棒排场上架时间安排有3种：一是在越夏前排场上架，接种后发菌到一定程度后就把菌棒挑到菇棚架上去发菌和越夏，或直接在花菇棚内接种发菌到一定程度后直接在菇棚架上继续培养发菌和越夏；二是菌棒越夏后，在平均气温尚在23～25℃的季节排场上架；三是在全天温度15～20℃期间选择适合的天气，见有零星菇蕾发生后，再把菌棒排场上架。目前浙江地区菇农以第一种上架时间居多。

3. 催蕾

（1）头潮菇催蕾

①室内越夏菌棒的催蕾，关键是要抓住气候变化的时机适时进棚上架，合适的出菇时期即受冷空气影响出现连续3～5天明显降温10℃以上的天气，同时9015品种要求冷空气出现期间气温在

18℃左右前 1～2 天抓紧搬运菌棒进棚上架。搬运过程对菌棒产生的震动刺激，加上变天降温对菌棒的温差刺激，能产生比较有效的催蕾作用，一般在冷空气影响过后 3～7 天就能普遍发生菇蕾。低海拔地区，由于室外气温偏高，难以出棚上架，可采用室内震动催蕾、见菇蕾后排场的办法。具体做法：在冷空气来时立即在室内全面拍打菌棒，并结合翻堆，过 5 天左右，见到菇蕾之后再上架排场。

②室外养菌棚越夏菌棒的催蕾，也是要抓住上述气候变化时机，给予比较强烈的震动刺激。具体做法：可用木板拍打菌棒，或用 2 根菌棒互相拍打。同样在冷空气影响过后 3～7 天就能普遍发生菇蕾。

（2）以后各潮菇的催蕾

①温差刺激。拉大昼夜温差来刺激菌棒出菇，昼夜温差不小于10℃。在具体操作上，当气温在 20℃以上，空气相对湿度在 65％～80％时菇棚不需放下四周活动塑料膜，应加强通风管理，尽量让夜间温度自然下降来调节温差和菇棚内的湿度；反之当气温低于10℃、空气相对湿度低于 65％时，晚上应降下四周活动塑料膜，促使菇棚内增温增湿。白天升起四周活动塑料膜降湿，让自然空气自动调节，尽量争取温差越大越好，并需连续操作 7～10 天，促使菌棒整批出菇。

②湿差刺激。对水分偏低的菌棒要在催蕾之前补充水分，用于注水的水温一定要比菌棒温度低 5℃以上。对个别菌棒因含水量确系过高的必须进行排湿增氧，以达到合理的含水量和增加干湿差。

③拍打等机械震动刺激。对采用前面两种方法还未出菇的菌棒可用此法，即搬动、调翻层次、拍打等，促使香菇菌丝末端断裂来形成新菌丝，以达到出菇的目的。连续拍打，对 9015 品种效果很好。

4. 割袋出菇与育蕾　高棚层架栽培花菇与烘干菇、高温香菇在生产工艺上最大的不同点为层架花菇仍有少部分不使用保水膜，采取割口出菇方式，而烘干菇、高温香菇生产都是脱袋出菇方式

（脱袋方法参见本章"一、大棚秋季栽培"）。

割口出菇以幼蕾直径达 1.5～2.0 厘米时割口较为适宜。割口时可用专用刀或刀片，将幼蕾四周的塑料袋割成 2/3 的圆圈形割口，保留 1/3 薄膜不割断，让菇蕾从割口长出，并剔除多余的菇蕾，以减少营养消耗。刚割袋的菇蕾和直径小于 2 厘米的幼菇尚处于十分娇嫩阶段，必须进行保温保湿育蕾。可以放下塑料薄膜，待菇蕾长至直径 2～3 厘米再进行催花管理。育蕾期的温度为 8～20℃，空气相对湿度为 80%～90%。

5. **催花** 适宜花菇形成的空气相对湿度为 50%～68%，最佳为 50%～55%；温度为 8～22℃，最佳为 12～16℃。一天内棚内最高温度应在 20℃左右，同时又有 10℃以上的昼夜温差，最适宜花菇生长发育和裂化。如在严寒季节，日最高温度在 10℃以下，可将凉棚上的遮阳物开天窗或整体拉稀疏，促使阳光透入塑料大棚内，提高棚内的温度，保证花菇形成期所需的温度。如塑料棚内温度、湿度过低，可下降塑料棚四周的塑料膜来增温保湿，反之升膜来降低棚温，以达到逆向作用。风速一般只需 2～3 级的微风，如果风力过大将会使菇面水分蒸发加快，使得还未长大的小菇蕾干枯。

6. **菌棒补水** 补水时机掌握在采摘后的菇柄生长处见到白色气生菌丝，表明菌棒已恢复。一般采用注水方式补水。补水最好在变天天气前后进行，补水后有 3～5 天晴天。水分补充量应为 0.25～0.5 千克。一次补水不宜过多，也不宜在香菇采收后立即补水。

（七）采收

烘干菇需在菌盖未完全展开时采摘，湿度过高可在剪柄后适当晾晒后再进行烘干。花菇需选择适宜天气采摘，当遇上阴雨天气来临前、湿度过高时，对洁白的花菇应适当提前采摘，以免因高湿使白花菇变成茶花菇甚至厚菇，从而使花菇品质下降，效益减少。采摘时注意不要把部分菇柄残留在菌棒上，以免菇柄腐烂引起菌棒感染霉菌。

三、高温香菇栽培

高温香菇栽培在浙江等南方产区也被称作反季节栽培。浙江高温香菇栽培通常采用 3 种出菇模式：海拔 400～700 米的地区采用荫棚露地栽培模式，海拔 700～1 000 米的地区采用高棚层架栽培模式，海拔 1 000 米以上的地区采用覆土栽培模式。本篇主要介绍荫棚露地栽培和覆土栽培两种模式。

（一）栽培设施

1. **设备** 参见本章"一、大棚秋季栽培"。

2. **菌棒培养室** 参见本章"一、大棚秋季栽培"。

3. **出菇棚**

（1）覆土栽培出菇大棚

①场地选择。根据浙江气候特点，5—6 月气温高、雨水多、湿度大，7—8 月气温高、降水少，菇场选择要求水源充足，水质良好，水温凉爽，排灌方便；坐西北朝东南，日照时间短，避开西晒，日夜温差大；地势平坦，通风良好，交通方便。

②菇棚搭建。出菇棚构造与高棚层架大棚相同，但棚高要求2.3～2.5 米，用木条或毛竹架好经纬横梁，棚顶用两层 90% 透光率的遮阳网覆盖，一般为九阴一阳，四周用遮阳网围严，以降低菇床温度。出菇棚宽 5 米，分为 3 畦，两边畦宽 1 米，中间畦宽 2 米。将田块整理成两边畦床宽 1 米，中间畦床宽 2 米或 1.5 米，走道兼水沟宽 0.5 米，棚柱处于水沟边，挖出的沟泥摊到畦面，压实后呈龟背形，然后在畦上设铁轨形的菇床架。每个畦面需搭建一个小拱棚，用 2～3 米长的竹片插入畦两边的水中呈拱形，每隔 0.8～1 米放一竹片，供盖薄膜用。

③整畦及土壤消毒。消毒：要求未整畦前，每亩撒生石灰 25 千克，再翻土耙平，清除田间杂草、秸秆，灌水漫过土面 10～20 天，然后排干水分，起垄做畦。做畦：先用耕作上层土作畦坯，高

25～30厘米，两边畦床宽1米，中间畦床宽2米或1.5米，中间稍高，畦间沟宽约40厘米，再用沟土做畦至畦高40厘米，要求畦背稍凸起压实。在荫棚内每3畦或4畦搭一出菇棚，盖上薄膜至棚半腰。

（2）荫棚露地栽培出菇棚 选择地势平坦，环境卫生，通风良好，水源充足，水质良好，水温低，日照时间短的田块搭建菇棚。菇棚结构与秋季大棚栽培基本相同，通过增加遮阳网厚度等方法创造一个光照少、阴凉、潮湿、透气性好的环境，尽可能降低菇床温度。整理田块，畦宽1米、走道兼水沟宽0.5米，棚柱处于水沟边，挖出的沟泥摊到畦面，压实后呈龟背形，然后在畦上设铁轨形的菇床架。

（二）品种

夏季温度较高，要选择菇形好、菇肉厚的中高温品种，栽培量大的有0912、庆科212、申友T2等高温型品种。庆科212属早熟中偏高温型菌株，菌龄80～90天；菌丝生长温度在5～30℃，最适温度23～25℃；最适出菇温度16～22℃。浙江地区适宜接种期为5—7月，出菇期为10月至翌年4月。子实体单生，菇形较大，平均直径6.3厘米，单菇重30.6克，大菇率高；菌盖圆整，不易开伞，表面灰褐色，中部鳞片小、周边大；菌盖厚，菌肉组织致密，厚1.5～3厘米，质地硬，卷边大，呈扁半球形稍平展或伞形；菌柄较短，呈倒圆锥形，盖径比值较大。商品性好，口感佳，鲜菇口感嫩滑清香，干菇口感柔滑而浓香。

0912品种菌龄短，抗病性强，菌棒坚实，高温季节出菇质量好，浙江丽水地区多用该品种进行夏季香菇栽培。

（三）培养料

1. **原料** 参见本章"一、大棚秋季栽培"。

2. **常用配方** 杂木屑78%，麦麸20%，石膏1%或碳酸钙1.5%，白糖1%。

(四) 菌棒制作

高温香菇的菌棒生产都在 2—4 月，具体方法参见本章"一、大棚秋季栽培"。

(五) 菌棒培养

接种的菌棒管理方法与秋季栽培相比有较大差异。主要表现在温度的调控。前期温度低，以增温保温为重点，后期气温高，要防高温引起"烧菌"。

1. **菌丝定殖** 促进菌种定殖首要是控制好温度。一是抢温接种，菌棒在没有完全冷却（约 30℃）时就进行接种；二是密集排放，接种后呈"一"字形墙式集中排放，高 12～14 层，然后盖上薄膜和麻袋等保温；三是加温，采用炭火、木屑炉或蒸汽发生炉进行加温，以堆温不超过 25℃为宜。

2. **增氧管理** 菌丝定殖后，菌落直径达到 6～8 厘米时，要进行散堆，改墙式堆放为"井"字形堆放，高 8～10 层。当菌落直径达 8～10 厘米，视发菌情况，若有缺氧症状就要刺孔增氧，或去封口地膜，或解开套袋口的绳子去除外套袋，用菌种封口的可视情况挖去菌种块等。此阶段气温不高，仍可盖薄膜保温，但要注意每 2 天掀膜通风 1 次。

4 月后，日均气温升高至 18～20℃时，要撤去薄膜。改"井"字形堆为三角形堆，高 8～10 层，增加通风时间。菌丝满袋后进行大放气，在菌棒四壁进行刺孔，孔深 2.5～3 厘米，数量 30～50 个，刺孔后要注意观察堆温，若堆温过高，要进一步散堆，加强通风。

3. **转色管理** 一般要求在未脱袋前转色良好，如未达到转色良好，宁可推迟出菇。

(六) 出菇管理

1. 覆土栽培模式出菇管理

(1) 排场 菌棒搬运至畦面上一袋靠一袋排放 3～5 天，以适应荫棚环境条件。

（2）**脱袋覆土** 选阴天的早晨或傍晚，将已转色的菌棒，接种口朝上，一袋紧靠一袋分两行靠畦边缘排于畦面上，畦中间空余部分再与畦平行排几袋，将畦床两边的菌棒横面用加入石灰的泥浆封好。菌棒表面不需要覆土，菌棒两端用泥土固定即可。

（3）**春夏期出菇管理** 春夏季节高温、气压低、多雨、湿度大。覆土完成后要采取震动、温差、湿度差等刺激来促进菇蕾的发生。具体做法：白天将拱棚上的薄膜放至腰间，傍晚掀开薄膜，结合喷水降低温度，将日夜温差拉大，经过3～5天的连续刺激，菌棒表面就会形成白色花裂痕，发育成菇蕾，菇蕾形成后要增加通气量。为了增加出菇的比例，必须将菇形不完整、丛生的菇蕾尽早剔除，每袋保留5～8个。由于气温高，水分蒸发量大，盖膜保湿会引起烂棒，所以要喷水并通风降温。根据每天天气情况，晴天喷水2～4次，阴天喷水1～2次，在闷热干燥天气，白天菇床不能遮薄膜，坚持少量多次的喷水原则。通风要安排在晚上，打开荫棚门进行通风。

（4）**越夏管理** 4月生产的菌棒7—8月最高温来临之前无法完全消耗养分。7—8月气温最高时可达35～39℃，此时香菇无法正常产生子实体，就进入覆土栽培的越夏期。越夏管理的重点是降低棚温，减少菌棒含水量，加强通风，预防霉菌。具体做法：加厚周围遮阳物，气温特别高时，中午朝大棚膜上喷水，降低菇床的温度；降低水沟的水位，保持流动水，同时减少喷水次数，每天1～2次，以保持土壤较低的含水量及菌棒表皮湿软。每天傍晚打开荫棚门通风1次，出现霉菌要及时挖去感染部位，面积较大的要整棒挖出，以防霉菌蔓延。

（5）**早秋出菇管理** 越夏后菌棒可以再出1～2潮高温香菇。早秋的温度一般在20～30℃，非常适合高温香菇的发生。早秋降水少，空气湿度小，要做好补水保湿工作。经过越夏，菌棒含水量有所下降，菌棒发生收缩，要多次浇水，增加菌棒含水量。用小铁钉结合拍打催蕾，钉入0.5～1厘米深处，然后通过喷水和灌满沟水，补充菌棒含水量，拉大温差、湿度差刺激菇蕾的发生，3～4天后，菇蕾就会形成，此时要增加空气相对湿度，每天早、中、晚喷水2～3次。控制温度，早晚通风2次，促进子实体的发育。

2. 荫棚露地栽培模式出菇管理

(1) 排场脱袋　成熟后的菌棒进行排场。要求菌棒富有弹性，已较好地完成转色，部分菌棒出现原基。排于菇架上的菌棒不能马上脱袋，要炼棒5～7天，以适应环境的改变，然后选择阴天或晴天的早上、傍晚进行脱袋，脱袋后要及时覆盖薄膜，最好边脱边覆盖。

(2) 春夏期出菇管理　春夏期的气候特点为前期高温，后期降雨多、湿度大、气压低、空气含氧少，因此春夏期出菇管理的重点是降低棚温，加强通气。第一潮菇的催蕾可采用温差刺激法，以后气温更高则可采用拍打催蕾和冷水催蕾法。温差刺激具体操作：白天棚膜覆盖菇棚，夜间打开棚膜，通气半小时，并喷一次凉水进行降温，然后盖好棚膜，以拉大白天与夜间的温差，连续3～5天的温差刺激，使菌皮下的菌丝不断扭结形成原基继而发育成菇蕾。

(3) 越夏管理　气温高达30～38℃时，是全年温度最高的时期，高温香菇无法发生，进入越夏期，越夏管理的原则是降低棚温和菌棒含水量。适时通风，喷水。要把棚温降到32℃以下，减少菇床高温时间，加厚棚顶遮阳物，四周特别朝西部位加严围栏。引入畦沟流动水，通过空间喷水降低温度。每天向菌棒喷水1～2次，每次量不宜大，只需保持菌棒表皮湿润即可，通风量大时多喷，通风量小时少喷。

(4) 早秋期出菇管理　菌棒经1个月的越夏管理，含水量下降较大，越夏结束后要及时补充水分，采取注水或浸水法补充，要注意控制补水量。补水后的菌棒，用拉大温差等方法进行催蕾。早秋的温度仍然较高，菇蕾形成后要注意降温，具体要结合保湿、通风进行。具体做法：提高畦沟的水位，增加喷水次数，晴天每天早中晚各喷水1次，以降低温度、增加湿度；雨天则少喷或不喷；通风要选择气温低的早晨和晚上进行以满足降温增氧的要求，每天通风1～2次，每次30分钟至1小时。

（七）采收

高温香菇采摘要及时。气温高，子实体六七分成熟（即菌膜已破裂、菌盖少许内卷）时即可采收，宜早不宜迟，一天采收2～3次，以提高质量；采收时要注意把菇柄采摘干净，防止霉菌侵染，采收后要及时出售，有条件的建议冷库保藏。

第五章 PART FIVE

湖北香菇栽培技术

湖北地处长江流域中游，除高山地区外，大部分为亚热带季风性湿润气候，光能充足，热量丰富，无霜期长，降水充沛，雨热同季。湖北香菇栽培模式包括春季栽培、秋季栽培和冬季栽培3种。其中春季和秋季代料层架栽培为主要的栽培模式。以随州地区为代表的鄂北地区因受太阳辐射和季风环流的季节性变化影响，冬季温差大，光照充足，气候干燥，易产花菇，适合香菇秋季栽培；春季栽培模式由于需要独特的越夏环节，其产地分布于十堰、宜昌和襄阳等鄂西地区；香菇冬季栽培模式一般于冬季制棒和发菌，翌年夏初开始出菇，出菇时间随着海拔高度和纬度上升而有所变化，其产地分布于十堰、宜昌和恩施等高海拔山区。

一、秋季代料层架栽培

秋季（8月初至9月上旬）生产菌棒，冬季及翌年春季出菇的一种香菇代料栽培模式。

（一）栽培设施

1. **设备** 主要有切条机、粉碎机、装袋机、灭菌设备、浸水池等。

2. **菌棒培养室** 菌棒培养室要弱光、通风、调温排湿性好。农户小规模分散式生产时，可利用空闲房屋发菌，也可在出菇棚内就地发菌。大规模生产则需要建造专门的培养室或发菌棚。培养室先要密封顶棚、门窗，然后用石灰水将培养室四壁及地面刷白一遍，用5%来苏儿全面喷湿，再用硫黄（20～25克/米³）点燃，密封熏蒸48小时以上，在菌棒出锅前2小时开门窗通风，排除残余气体，此项工作应在接种前两天进行。在菌棒放入室内后棒温降至35℃以下时，应再用食用菌专用气雾烟熏剂熏蒸12小时以上，后开门窗通风，待菌棒中心温度降至28℃以下准备接种。

3. 出菇棚

（1）场地选择 出菇棚宜选择在背风向阳、光照充足、通风良好、地势平坦、环境卫生、近水源、易排水、进出料便利之地建造。出菇棚应坐北朝南，呈东西走向搭建，要具备抵御风吹雪压能力，棚顶覆盖物和四周遮阴物要便于调节，以利于创造一个适宜香菇生长发育的环境条件。

（2）菇棚建造 出菇棚要建得既牢固，又省工省料。支撑柱可用砖墙也可用木柱、水泥柱。出菇棚的大小要适当，一般每个菇棚放500～1 000棒。以500棒为例，建成长5～6米、宽2.3～2.4米，总面积12～15米² 的菇棚为宜。以竹木搭建，一个棚内有两个出菇架，架中间留70厘米宽的人行道，架宽80厘米、高1.9～2.1米，5～7层，层间距30～33厘米，中间高的支柱2.1米，两侧低的支柱1.9米，左右每个支柱的顶上用一竹片连成拱形。每层用4根竹竿平行纵放，上可横放2排菌棒。菇棚用宽幅薄膜覆盖，薄膜上覆盖遮阳网。

（二）品种

优质香菇菌种必须同时具备高产、优质、抗逆性强，以及菌丝生活力强、无杂菌、无虫害的双重特性。优质菌种的鉴别：菌丝浓白，粗壮；菌种不发软，不老化，不萎缩，袋底无积水，无杂菌污染，拔掉棉塞能嗅到纯净香菇特有的芳香气味，无不良异味，掰开菌种，内部菌丝浓密，菌屑不松散，接种后能在适温下迅速萌发。品种选择要以通过国家或省级认定，适宜当地气候条件、抗逆性好的花菇品种为主，例如久香4号、秋栽7号、申香

1513 等。

①久香 4 号。菌龄 70 天，出菇温度 5～25℃，菌棒成熟后通常采用浸水补水后上棚，上棚后催菇需 7 天左右。该品种单生、个大肉厚、易花高产、转色应略深。

②秋栽 7 号。菌龄 65 天，出菇温度 3～20℃，菌棒成熟后通常采用浸水补水后上棚，上棚后催菇需 5 天左右。该品种单生、容易出菇、菇圆肉厚、出菇整齐、易花高产、转色应适中。

（三）培养料

培养料要严把原料质量关，杜绝使用掺假伪劣原材料，特别是还残留有害物质的原材料。

1. **木屑** 选用阔叶树的木屑，其中以壳斗科植物的硬杂木屑为最好；用于代料香菇栽培的木屑要粉碎晒干，长度 70～18 毫米，厚 1～3 毫米，色泽新鲜，无霉烂，无结块，无异味，无油污。

2. **麦麸** 选用优质、新鲜、干燥的麦麸，其中以红皮、粗皮为最好；禁用结块、霉变、虫蛀、掺假的麦麸。

3. **石膏粉** 选用色泽洁白、在阳光下闪光发亮、质优纯度高、食品添加剂级别的石膏粉；禁用纯度低、有掺假的石膏粉。

（四）菌棒制作

1. **培养料配方**（干重百分比） 木屑 79%、麦麸 20%、石膏粉 1%，含水量 52%～55%。

2. **拌料** 做到"三均匀"，即原料与辅料混合均匀、干湿搅拌均匀、酸碱度均匀。

3. **装袋** 培养料配制完成后，应及时装袋制成菌棒，装袋时菌棒内套保水膜，保水膜规格为 17.5 厘米×60 厘米，厚 0.01～0.02 毫米。拌料装袋一气呵成，做到当天拌料，当天装袋灭菌，不能堆积过夜。秋栽菌棒一般采用折宽 22 厘米×长 62 厘米或折宽 21 厘米×长 60 厘米的聚乙烯塑料袋，厚度 0.06～0.07 毫米。装袋后检查，若有沙眼用透明胶带封贴。折宽 21 厘米×长 60 厘米规格装袋后重量在 3.75～4 千克，折宽 22 厘米×长 62 厘米规格装袋后重量在 4～4.25 千克。

4. 灭菌 灭菌可用高压灭菌和常压灭菌两种方式。高压蒸汽灭菌，灭菌温度达到 121℃时，保持 6～7 小时；常压蒸汽灭菌则应在料温达到 98～100℃下保持 16～20 小时。

5. 冷却 采用自然散热冷却，不要进行通风，以免杂菌孢子进入菌棒。冷却 24～48 小时后，料温降到 30℃以下，用手摸无热感时即可接种。

6. 接种 秋栽香菇接种时间一般在 8 月上旬至 9 月上旬，接种是菌棒制作中最为关键的一环。整个接种过程都必须严格按照无菌操作要求进行，做到严和快，以减少杂菌污染。接种一般在接种箱、接种室或帐式塑料棚中完成，主要包括消毒、打穴接种和封口三大过程。

(1) 消毒 消毒剂主要有 75%酒精、0.2%高锰酸钾溶液、气雾消毒剂等。接种室、接种箱的空间及接种者工作服消毒选用气雾消毒剂，消毒时间为 20～30 分钟。接种用具、菌种袋外表处理、接种用具及接种者双手的消毒则多采用 75%酒精或 0.2%高锰酸钾溶液擦洗的方式。

(2) 打穴接种 在菌棒上用打孔棒均匀地打 9 个接种穴，直径 3 厘米左右，深 2.5～3.5 厘米。打孔棒用铁制或木制均可，钻头必须圆滑，打孔棒抽出时，要按顺时针方向边转边抽，不能快打直抽，以防袋与培养料脱离而渗入空气，造成杂菌污染。打穴要与接种相配合，打一个穴，接一孔菌种，一般每棒打三方，即在菌棒的三个面各打 3 个孔，共 9 个穴。接种动作要迅速干练，夹取菌种块可用镊子，也可用手分块塞入接种穴，种块必须压紧压实，不留间隙，让菌种微微凸起。气温高时接种选在清晨或晚上进行。

(3) 封口 接入菌种后，一般要把接种穴密封起来，使菌种不与外界接触，以减少杂菌污染。目前，接种穴封口方式多种多样，可用纸胶封、胶布封，也可用套袋封口或直接用菌种封口。

（五）菌棒培养

接种后的菌棒要移至适温、通风、避光的培养场所进行发菌管理。发菌管理的主要技术是根据菌丝生长和菌棒内的变化情况，做好刺孔通气、控温、翻堆检查、通风降温等工作，最后促使菌棒正常转色。

1. **刺孔通气**　刺孔通气可增加栽培袋中的含氧量，排除菌丝代谢放出的挥发性物质（如二氧化碳等），刺孔通气还有机械刺激、养分输送、增加室温、降低培养料水分等作用，进而加速木质素等养分的降解和菌丝体内养分的贮藏积累，促进菌丝达到生理成熟。发菌中期刺孔通气可使菌丝生长加快，变得粗壮洁白；菌丝成熟期刺孔通气可使瘤状物软化，促进转色。

（1）发菌前中期　当接种孔的菌丝圈将要连接时，去掉外层套袋，增加氧气供给。直径达 10 厘米时，用牙签或小铁钉进行第一次刺孔增氧，每接种孔周围在菌丝圈外缘生长线内 2 厘米刺孔 4～6 个，刺孔深不超过 1.5 厘米。菇农习惯上把这一时期的刺孔通气称为"通小气"。

（2）发菌后期　在菌丝已长满全袋至开始转色前的这一发菌期，菌丝生长极为旺盛，菌丝总量增长极快，对氧气需求也是成倍增长，此时必须加大刺孔量，以增加氧气供应，满足菌丝生长要求，菇农称这一时期的刺孔通气为"放大气"。

"放大气"一般在接种口周围形成瘤状物（俗称"起泡"）并占菌袋表面积的 30% 后进行，用带有 6～8 个直径 0.5～0.8 厘米铁针的香菇专用刺孔器进行第二次刺孔，刺孔深可达菌袋的中心或将菌袋刺穿（含水量偏高的菌袋），每袋刺孔 40～60 个。刺孔时，环境温度应为 20～25℃。在通气条件较好的发菌室，也可放在室内进行刺孔，但要分批进行，并注意疏散通风。如无专用刺孔器，种植户可自制钉耙状刺孔器：选一块厚 1.5 厘米、宽 5～6 厘米、长50 厘米的木板，一端削成手柄，另一端 35 厘米范围内钉上 6.6 厘米长铁钉 2 排，共计 20 枚，此刺孔器一次可在菌棒上刺 20 个孔，提高工效。菌棒的打孔数量和深度要根据实际情况灵活掌握。这期间有些菌棒因缺氧和见光，表面形成瘤状物，若任其发展会把菌棒顶破，这时除对窗户进行遮光外，需沿瘤状物外围用5厘米长铁钉或竹签刺孔一圈，数天后瘤状物就会软化，该部位整块转成褐色菌膜。如室温在28℃以上，一般不应刺孔通气，超过30℃时严禁刺孔通气，否则极易造成烧菌、闷堆和烂棒。

(3) 刺孔注意事项　对于含水量高（偏重）的菌棒，可适当增加刺孔数量，孔也可刺深一些，以加速水分散发；含水量低（偏轻）的菌棒可减少刺孔数量，也可提前移至湿度较高的菇棚中，刺孔后平放于地面，让其自然吸收水分，以期达到适宜的含水量。一般说来，每个菌棒的刺孔数量应以40～60孔为宜。

在刺孔通气操作中，无论是"通小气"还是"放大气"，在刺孔后3～10天菌丝生长都会非常旺盛，呼吸显著增强，并放出大量的热量，使堆温和室温升高，因此，每次刺孔通气后都必须及时散堆，并加强通风散热，避免烧堆。

2. 控温　秋栽接种时气温较高，主要以高温危害为主，有条件的可在接种区安装空调降温，接种后一般通过在每层菌棒间用两根竹木棒间隔，同层菌棒间也应留2～3厘米宽的空隙，以利于通风散热。

3. 翻堆检查　发菌初期菌棒一般采用柴片式堆叠。不封口的菌棒，接种孔压着接种孔，以减少菌种块水分蒸发，促进菌丝早日萌发定殖。采用纸胶封口的菌棒，接种孔需侧斜放，防止压住接种孔，待菌丝长到菌落直径6～8厘米大小再进行翻堆（不宜过早翻堆，以防菌种块及培养料与袋壁分离而导致杂菌感染）。翻堆后的菌棒改为"井"字形或三角形堆放，堆高由原来的十几层降低为8～10层，堆之间要留空隙，每两行堆间留一条操作道，以利于散热降温和操作管理。

4. 通风降温　在培菌期间，由于菌丝的呼吸作用会放出大量热量，菌棒堆的温度一般比室温要高3～5℃，特别是每次刺孔通气后，这一现象会更加明显，因此随着菌丝生长量的增加和外界气温的升高，应十分注意培养房的通风换气，并减少每个培养房的菌棒存放量。一般要求每天通风 1～2 次，气温在 25℃以上时，则必须昼夜打开门窗通风降温，有必要时，还必须进行强制通风。

5. 转色管理 在出菇之前要根据香菇品种的特性做好菌丝生长发育阶段的管理，促使菌棒正常转色。转色管理的主要技术措施是刺孔通气、翻堆以及给予适当的光照。通过刺孔通气，增加袋内的氧气量，以促进气生菌丝的生长；通过翻堆，调整菌棒的堆叠方式，以促进均匀转色，同时还需根据转色的进度及气温的变化情况调节光照。有些菌棒的局部因受压迫和未见光而不转色或者菌棒袋内壁与培养料紧贴而不能转色，这时就需要通过翻堆或采取搓、拉塑料袋的方法，使袋壁与培养料脱离，从而促使其转色。

（六）出菇管理

1. 菌棒含水量 适宜的培养料含水量是香菇正常生长发育的重要条件，含水量过高或过低都将影响正常出菇。出菇时菌棒适宜的重量因香菇品种而异，如果出菇时偏重，可再进行一次刺孔通气排湿；如果菌棒偏轻，应及时补水。补水要求用水温低于气温 5～10℃的清洁水。秋栽品种出菇时菌棒适重 3.5～3.9 千克。

补水措施有浸水和滴灌注水两种。由于注水法常因压力过大损伤菌丝和菌棒，因此在生产中多采用浸水补水法。具体方法：建一个浸水池，铺上塑料薄膜，把需要浸水的菌棒用竹签或刺孔器刺10 余个水孔，排放在水池内，失水多的菌棒排在底层，失水少的菌棒排在上层。上用木板压住，然后灌水淹没菌棒。浸水时间应根据水温、气温及菌棒状况而定，水温比气温低，菌棒吸水快，温差越大，菌棒吸水越快，时间就越短，秋季和春季一般需浸 24～36小时，冬季需浸 36～48 小时。

2. 菌棒排场上架 秋栽菌棒排场上架时间为 11 月中下旬。当日间气温 20℃左右，晚间气温在 10℃左右时，菌棒重量已减轻到3～3.5 千克；菌棒经后熟培养，转色达 85％左右；在发菌室内陆续有菇蕾长出，可运进菇棚，进行出菇管理。菌棒横排在棚架上，棒距 4 厘米左右，80 厘米宽的横架，可横排两排。

3. 催蕾 为了在适宜的气候条件来临前使菇蕾整齐发生，菇农要结合天气变化情况采取科学的催蕾措施。具体催蕾方法如下。

将达到生理成熟并转色的菌棒去掉最厚的外菌袋，只保留最里层紧贴培养料的保水膜，放入浸水池中，浸泡 2～4 小时，以菌棒含水量不超过 55% 为最适（如菌棒含水量适宜就不需要浸泡），浸泡水温应比气温低 5℃ 以上。第一潮菇浸水的目的是通过浸水给菌棒以干湿差和温差刺激，促进菇蕾发生。菌棒浸水后即可排袋上架，覆膜保温保湿，此时棚内空气湿度需保持在 85% 以上，棚温以 15～20℃ 为宜，不能超过 25℃。如温度过高需及时进行通风降温，通风时间以有效降低棚内温度且不让菌棒表皮菌膜晾干为准。经 3～5 天连续覆膜操作，菇蕾即可出现。若出菇期已进入冬季，因外界气温较低，催蕾也可以采取堆码覆膜保温保湿的方式进行，即在向阳避风平坦的场地上，将补水后的菌棒紧靠竖立在铺于地上的麦草上，洒上适量水，上面再盖一层薄膜和一层麦草。通过去掉或盖上薄膜和麦草来调节堆内小环境的温、光、气、湿等环境条件以促使现蕾。

4. 育蕾 育蕾就是培育出健壮的菇蕾。现蕾后，培育菇蕾直径至 1～2 厘米，此时菇蕾可自行顶破薄薄的免割袋。当转色过浅，或温差、震动等刺激过大时，菌袋会现蕾过密并造成相互挤压，此时应及时进行疏蕾，选优去劣，将丛生、畸形、不健壮、过密的幼蕾去掉，每袋保留 8～10 个菇蕾，且分布均匀，大小一致。幼蕾刚伸出袋外，对环境的抵抗力弱，此时必须给予最适的温度、湿度、新鲜空气和光照。棚温保持在子实体生长温度范围内，最适为 12～16℃，空气相对湿度为 80%～90%，棚内有一定的散射光和新鲜空气。如棚内二氧化碳浓度过高或光线太弱，会形成长柄菇；若温度过高，超过 25℃，会形成盖薄柄长的劣质菇。此外还要防止幼菇冻死、干死或被风吹死。因此棚膜的掀盖一定要根据菇蕾的实际情况决定，多加观察，及时调控。

5. 蹲蕾（菇） 此时将棚温控制在 5～12℃，空气湿度 80%～

85%，给予充足的氧气和适当的光照。蹲菇一般需 5～7 天，在无风的晴天和需要通风换气时可掀去棚膜，让阳光照射幼菇。揭膜时间以天气和菇蕾的生长情况来决定，综合考虑温、湿、光、气 4 个因素。当用手指摸菇盖感到顶手，硬度似花生米时，即完成蹲菇。此时幼菇组织坚实，肉质致密，菌盖表皮产生裂纹后就能培育出优质花菇。

　　6. 催花管理　催花管理是指创造条件促进盖面裂纹形成的过程，也有人称这一过程为"促花"。花菇的形成是香菇子实体生长与生态环境因子共同配合的结果。因此，在催花管理过程中不能孤立地强调环境因素的作用，应注意内部因素与环境因素协同作用。

　　幼菇经蹲蕾处理后，菇棚内大部分幼菇的菌盖直径达到 2～3 厘米时，是进行催花管理的最佳时期。起初 1～2 天，空气相对湿度控制在 68%～72%，尽量增强光照，使菇蕾表面先见干燥，逐渐出现微小裂纹；在此基础上控制温度在 12～16℃，空气相对湿度 60%～65%，2～3 天后，菇蕾表面会形成明显裂纹，随着时间的延长，裂纹会逐渐加深和扩大。

　　出菇棚要减疏东西向遮阳物，揭开四周塑料薄膜，使东西向有风流动，以降低湿度。花菇生长的适宜温度范围为 10～15℃，如菇房（棚）内温度超过 18℃时，要增加遮阳物，揭开塑料薄膜，降低温度，气温连续低于 10℃时要加强增温工作，上盖遮阳物要适当排稀，甚至全部撤掉，以增强光照，并垂挂四周薄膜，减少冷气袭击，提高温度。

　　7. 转潮管理　每生长一潮菇，均要消耗较多养分。因此，每潮菇采收后要暂停喷水注水，将菌棒置于较"干"的条件下养菌 7 天左右，待菌丝重新积贮养分后，才能进行补水、催蕾，进入下一潮菇的管理。秋栽菌棒较大，在春节前气温低时可采完一潮菇后立即注水出菇，边出菇边养菌，提高低温季节优质菇的产量；春节后秋栽菌棒每采完一潮菇后，也应养菌 7 天左右再补水出菇。

（七）采收

1. **采收要求**　香菇适时采收的要求应根据香菇的等级、种类及用途（如鲜销、制罐及干制）来制定，采收标准主要根据商品的质量标准来确定。

（1）**鲜销香菇**（保鲜菇）**的采收标准**　对于现采收现销售的鲜菇来说，应掌握在菌盖即将展开，边缘尚有少许内卷，呈铜锣边，菌褶已完全张开，孢子尚未正常弹射的八分成熟时采收。若是外销出口的保鲜菇，因采收后尚须保鲜加工，还要包装、运输等，应当掌握在比上述标准更早一些（约六分成熟）、菌膜未破的时候采收。

（2）**干制香菇的采收标准**　子实体长至七八分成熟，菌盖边缘仍向内卷，呈铜锣边时正是采收适期，这时的子实体菌盖厚、质地紧、口感滑润。当菌盖展平时表示已过熟，这一时期的子实体菌盖变薄，纤维质增多，质地变松软，品质下降，质量也变轻。

2. **采收方法**　香菇的采收以不损坏原有基质，同时保持子实体的完整为原则。采摘时，用拇指和食指紧握菇柄，左右旋转使菌柄与基质脱离，不要用力往上拔，以避免将整块基质带起。

鲜菇采下后，应用小箩筐或小篮子盛放，下衬塑料或纱布。轻放，不能挤压，以保持鲜菇完整，采收时还应注意手只能接触菇柄，不能擦伤菌褶及菌盖。

二、春季代料层架栽培

春季生产菌棒，菌棒经历高温越夏后在秋、冬季出菇的栽培模式为香菇春季栽培模式。

（一）栽培设施

1. **设备**　主要有粉碎机、拌料机、装袋机、扎口机、灭菌设备等。

2. **场地选择**　春栽香菇菌棒要经过越夏管理，海拔低或夏季气温高的地方需根据场地环境以及养菌棚条件进行产能规划，不能盲目加大生产量，同时增加设施设备（大棚、遮阳网等）的投入，没有条件的不宜进行春栽菌棒越夏管理。

3. **香菇大棚**　春栽香菇大棚用铝合金或竹木搭制，高 3 米左右，宽 6～8 米，长 20～50 米，棚与棚之间至少保持 1.5 米间距，以利于两边通风换气，大棚四周排水通畅；大棚上搭建两层遮阳网，遮阳网之间至少保持 40 厘米间距，形成第一个缓冲区，第一层遮阳网与大棚之间至少保持 40 厘米距离，形成第二个缓冲区，由立柱和粗钢丝或钢架搭制，建成后遮阳网应有一定抗风能力。

4. **出菇层架**　出菇层架骨架为金属或水泥混凝材料，铺架金属管或竹木，要求平稳牢固，顺大棚走向搭建，宽 45～90 厘米，5～7 层，层间距 25～30 厘米，架间距 0.8～1 米，根据大棚尺寸合理摆放层架，层架间留有宽 1 米左右操作道。

（二）品种

应用品种最好从经本地两年以上试种且表现优良，并通过专业机构认证授牌的正规菌种生产厂家（拥有经营许可证、生产许可证、生产营业执照）购置。常用品种有 L9608、森源 16、申香 215 等。菌种要求为菌丝浓白整齐、无杂色、无异味、无黄水，菌种袋无破损。

（三）培养料

杂木屑以不含芳香类树脂的阔叶乔、灌木的干、枝为主，如：栓皮栎、青冈栎、茅栎、板栗、麻栎、枫树、化香树等。原树以冬季（树木进入休眠期）砍伐*为佳。原树用切片机切片，切片木屑直径 6～20 毫米，不宜太细，木屑太细透气性差影响菌丝生长。由

---

* 砍伐树木前应经林业行政主管部门及法律规定的其他主管部门批准，并核发林木采伐许可证；同时应严格按照证书规定进行采伐。——编者注

新鲜树木加工的木屑最好避雨放置 1 个月以上再使用；麸皮要求含有两层皮、无霉变；石膏粉要求使用食用菌专用石膏粉，整体纯白、细滑为好。

（四）菌棒制作

1. 培养料配方 木屑 79％、麸皮 20％、石膏粉 1％（均以干重计），含水量 55％～60％。

2. 拌料 用孔径 2.5～3 厘米的钢筛去除木屑中的小木片、树枝、绳头、石子等异物，根据每次生产的规模将原辅料按配方称重配好，加足水分，充分搅拌均匀。如用手推式拌料机配料，应先把木屑摊平，把麸皮、石膏搅拌均匀后撒到木屑上面，干料拌两遍加水后再拌两遍即可进行装袋。使用拌料流水线进行拌料的，先使用一次拌料机翻拌 2～3 次，再进行二次搅拌，即可进行装袋。

拌料时培养料含水量一定要达标。含水量太大，袋内透气性差，菌丝生长缓慢，容易感染杂菌；含水量过低，会造成头潮菇出菇过密，香菇个头偏小。加水过多可补加干料，切勿放置晾晒，否则培养料内麸皮会发酸变质，最终影响菌丝生长。

3. 装袋

（1）外套袋 规格为 21 厘米×65 厘米，厚 0.015 毫米。

（2）保水膜 规格为 16.5 厘米×58 厘米或 17.5 厘米×60 厘米，厚 0.01 毫米。

（3）塑料袋 选择高密度聚乙烯香菇生产专用折角袋（17 厘米×58 厘米或 18 厘米×60 厘米，厚 0.06～0.07 毫米）。

拌料结束后要集中人力装袋，力争在短时间内完成装袋，防止气温升高，培养料变酸，装袋场地要求干净无杂物，操作时要轻拿轻放，防止栽培袋破损，应安排专人负责检查及修补菌棒沙眼（用透明胶带将沙眼处封住），以防漏气导致后期污染，袋口要扎紧实避免漏气，采用高压灭菌的菌棒，扎口后，刺孔贴透气胶布。

装料要均匀紧实，排除袋内的空气，防止灭菌过程中空气受热膨胀出现胀气现象，装好的菌棒应表面平整，手按有弹性不下陷。

装袋时内套相适的保水膜袋。装好的菌棒每袋重 2.6～3.1 千克。

4. **灭菌** 装袋后 4 小时内应尽快装炉灭菌，以防栽培袋内培养料发酵酸败。采用高压或中高压设备灭菌的，应严格按设备商提供的使用说明操作，并安排专人负责锅炉的使用及维护。

采用常压灭菌时，由蒸汽锅炉通气量及性能决定灭菌数量，一般 5 000～8 000 棒。堆底要用托盘支撑，以利于通气，堆高 2 米左右，呈梯形，码稳放牢，菌棒摆放时行与行之间要有空隙，让蒸汽能循环均匀，避免死角。覆盖厚塑料或帆布，有条件的加盖保温被。感应温度计要放在堆中间靠下位置。最后用绳索将棒堆扎牢，上下塑料包好不冒气。点火后，猛火"攻头"，尽量 8 小时内使温度达到 100℃，防止料内细菌繁殖产生毒素抑制菌丝生长，当菌棒堆中心温度达到 100℃ 揭开四角覆盖物排放冷气，待冷气排放完毕将棒堆密封好，大火升温到 100℃，稳火保温 36～48 小时，中间不掉火、不掉气，注意安全，若遇到下雨掉温，应适当延长灭菌时间。灭菌彻底的菌棒发亮，袋内料发暗，有木屑蒸熟后的特有香味。

5. **菌棒冷却** 菌棒温度在灭菌器内自然下降到 70℃ 左右，将菌棒移至已消毒的接种帐（箱），菌棒搬运时需使用平整的转运筐，一定要轻拿轻放。有条件的可将菌棒放置在封闭的冷却室内，并使用净化过的空气和制冷机降低菌棒温度，防止菌棒接触外界空气染上杂菌（可依据实际情况而定，目的是尽快散热降温）。菌棒冷却后立即接种，不宜长时间放置。

6. **接种** 待菌棒中心温度降至 28℃ 以下，方可接种。接种前将乳胶手套、接种棒、菌种（表面用消毒药剂擦拭）、外套袋、消毒药剂等放入接种区，用食用菌专用气雾消毒剂（8～15 克/米^3）密闭熏蒸 45 分钟（接种箱或接种帐）或 8 小时以上（半开放式接种）。接种区消毒后严格按无菌操作进行接种，接种人员要戴手套、口罩，并每隔 1 小时，用酒精等亲肤的消毒剂擦拭双手。先把菌种上的棉塞或盖子，套环及以下约 1 厘米厚的菌种用刀切掉，双手不能触摸菌种，用消毒接种棒（直径 3 厘米左右）在菌棒上打直径

2.5～3.5厘米、深2.5～3.5厘米的孔洞，单面打4孔，将菌种掰成楔形块，稍用力按入孔内，菌块长度比孔洞稍长，大头比孔口稍大，利用菌种封口，不应留有空隙，防止外部空气入袋引发杂菌污染。接种后套上外套袋，系好袋口。

（五）菌棒培养

1. 转色前养菌 养菌应有专门的养菌室，养菌室提前3天消毒，地面撒生石灰粉（50千克/亩），空间用食用菌专用气雾消毒剂（8～12克/米³）熏蒸。若无养菌室，也可在遮阳和调温条件较好的大棚里养菌，养菌大棚必须干燥、干净、暗光、通风、排水通畅。大棚使用前地面需铺干净塑料膜，并用生石灰粉（50千克/亩左右）进行消毒，空间用食用菌专用气雾消毒剂（8～12克/米³）熏蒸。

养菌区环境温度应控制在8～25℃。温度低时，保温促生长，温度高时，控温防"烧菌"。定期测量菌棒内温度（将温度计插入堆内中间层菌棒的接种穴中），温度过低时，增加菌棒的码放密度和高度，并加厚保温层，有条件的可人工增温；当菌棒内部温度达28℃时，及时降低菌棒密度和高度，加大通风，以控制菌棒的温度在28℃以下。

养菌环境温度低于15℃时，菌棒并列码放成排，高8～12层，2～4排紧靠成一组，上面覆盖农膜保温保湿；养菌环境温度介于15～20℃时，单排码放，排与排之间间距20厘米；养菌环境温度高于20℃时，菌棒呈"井"字形码放，高4～7层，每层2棒。

接种后菌丝未吃料前不能通风，开始吃料后根据场地及菌丝生长情况通风。温度低时少通风；菌丝生长旺盛、气温高时多通风；阴雨天要紧闭门窗（但需短时通风降温），保持干燥的养菌环境。通风要与温度管理相协调，既要保持适宜的温度，又要提供足够的新鲜空气。

发菌菌丝长至菌落直径达6厘米开始翻堆，15～20天翻1次，上、下、里、外菌棒调换；环境温度达到20℃以上时，翻堆后菌棒改用"井"字形码放。翻堆时菌穴之间菌丝相连即可脱掉外套袋；翻堆时勤检查，勤清理，及时清除污染菌棒及杂物。

当菌丝长至菌落直径8～10厘米，用刺孔针在接种眼周围刺4～6个孔，以刺破菌袋为度。刺孔处菌丝要生长旺盛并且离菌丝生长前端3厘米以上。

2. **转色管理** 菌棒中菌丝长满后进入转色管理期。当菌丝长满1周左右，且表面出现少量瘤状物时，进行刺孔（当环境温度高于25℃时，禁止刺孔）。孔径4～5毫米，深3～5厘米。每袋孔数40～60个，根据菌棒含水量适当调整刺孔数量，含水量大的多刺孔，含水量小的少刺孔。刺孔后，菌丝代谢旺盛，产生大量热量，此时一定要把培养区环境温度控制在20～25℃，温度高时要加强通风，晚上温度低时要保温，整个转色阶段应尽量降低培养环境的温差，为菌棒转色提供一个相对恒温的培养环境。刺孔后菌棒可直接排放于出菇架，间距3厘米左右，最好放于底部3层；也可采用"井"字形码放，每层2棒，不超过4层。

3. **越夏管理** 6—9月出菇前的一段时间称为越夏期，越夏期为春栽香菇菌棒培养的关键时期，能否安全越夏将直接决定春栽香菇的栽培成败。尽可能降低菌棒温度，保持菌丝活性是春栽菌棒越夏的关键，具体方法如下。

(1) 加强菇棚遮阳 环境温度控制在28℃以下，最高不能超过30℃。海拔较低、夏季温度过高地区使用大棚养菌的，应使用双层或三层遮阳网，且网与网，网与棚之间至少保持40厘米的间距，极度高温期可在清晨或傍晚在大棚内喷水或灌水进行降温，切勿将水直接喷洒在菌棒上（防止管理不善导致转色菌膜加厚，出现早出菇现象），有条件的可在大棚外加设顶喷系统，通过喷水来降低大棚温度。

(2) 加强通风 使用大棚越夏的要一早一晚掀开大棚四周遮阳网进行通风；室内培养的要一早一晚打开窗户或门使室内形成对流风。

(3) 菌棒合理码放 层架越夏，遮阳条件好的大棚，将菌棒并列排放于出菇架下三层，菌棒间距3厘米左右；地面越夏，无层架场地或室内可采用地面码放，呈三角形或"井"字形，高3～5层，堆垛间距20厘米以上。

（4）其他注意事项　严禁阳光直射菌棒，雨后及时排除积水。

（六）出菇管理

春栽香菇既可以鲜销也可以干制，出菇方式以层架出菇为主。

1. 脱袋　温度开始降低，且部分菌棒出现菇蕾，即所谓的"报信菇"出现时即可脱袋，脱袋时不要割破内膜袋。此时如对菌棒进行搬运作业，一定要轻拿轻放，避免震动和碰撞，防止人为"惊蕈"导致暴发性出菇。

2. 温度　保持在8～25℃。前期气温高时，掀起菇棚四周棚膜1米左右，加盖两层遮阳网；后期气温低时，只覆盖1层遮阳网或去掉遮阳网。

3. 湿度　菇蕾期根据场地保湿性能，每天早晚喷雾状水1～2次，空气相对湿度保持在80%～90%。如生产干制香菇，当菇体直径长至3厘米时，停止喷水，加强通风和光照；进行鲜销香菇生产的可继续喷水，直至采收前3天停止喷水，防止菇面发黑，影响整体效益。

4. 通风　大棚四周塑料掀起1米左右，保持棚内空气流畅，菇棚四周不要种植高秆作物，及时清除周围杂草。

5. 出菇模式　春栽香菇出菇期长，可根据出菇时间分为秋天菇、冬天菇和春天菇。应根据当地及周边市场现状和出菇现状，选择出菇模式，避开出菇高峰期，从而提高栽培效益。

（1）秋天菇　9月后菌棒已达到生理成熟，温度合适时开始出菇，以喷水管理为主，调温（保持菇棚内较高的遮阳度，通风降温，保持环境温度在25℃以下）、调湿（保持湿度80%～90%，每天喷水1～2次，根据出菇类型，确定停水时间）、控光（随着温度降低，逐渐增强菇棚内的光照），利用外界的温差刺激，即可刺激香菇子实体原基的形成，技术成熟的也可在原基形成后进行疏蕾处理，从而培养精品菇。

（2）冬天菇　12月至翌年2月出菇，此时是培养厚菇的适宜季节（类似于秋栽香菇的出菇模式）。注水器补水刺激出菇，出菇应尽量拉开昼夜温差，同时减少喷水，实行偏干管理。

（3）春天菇　翌年3—4月出菇，此时环境温度、湿度均适合出菇，调温、保湿管理得当，易出优质菇。菇棚的遮阳度应随着气温的升高而增大；实行偏干管理，经常通风，减少杂菌污染。

6. **转潮菇管理**　一潮菇全部采收后，养菌10～15天。当采菇留下的凹坑内菌丝充分恢复变白时，采用注水器注水，一般补至出菇前菌棒重量的80％～90％，注水后进入出菇管理。

（七）采收

根据生产香菇模式，适时采收。以鲜菇生产为主的，当菇体菌盖展开，边缘内卷时即可采收，也可根据市场及加工需求灵活调整，切勿等香菇开伞后再采收；生产干制菇的，子实体长至七八分成熟，菌盖边缘仍向内卷呈铜锣边状时即可采收。

采收时，用食指和拇指捏住菌柄基部，左右旋动即可脱落，放于洁净的塑料筐里，不可堆压过多，以免堆温上升，导致菇盖开伞影响品质。采大留小，动作轻巧，尽量不要弄伤菇盖及菌褶，尽可能不要弄伤周围幼小菇蕾和折断菌棒。采收时不能将菇柄残留在菌棒上，否则会发霉影响下潮菇蕾形成，同时及时清除干枯和霉变的菇蕾。

三、冬季代料栽培

冬季（10—12月）生产菌棒，夏季出菇的栽培模式，也叫反季节栽培，此栽培模式以鲜菇生产为主。海拔在800米以上的地区可以采取层架式或地面支架式出菇模式，海拔800米以下地区建议使用地面支架式出菇模式。

（一）栽培设施

1. **设备**　主要有粉碎机、拌料机、装袋机、扎口机、灭菌设备等。

2. **生产场地**　应选择在地势较高且开阔平坦处建场地，生产场地应通风向阳，水源清洁充足且利于排水，生态环境良好，周围两公里内无"工业三废"及其他污染源。

根据生产规模，配备原料区、生产制棒区、灭菌区、接种区、培养区、出菇区等，各自独立，又合理衔接。灭菌区、接种区、培养区属于无菌区，一定要保持干净，灭菌区与制棒区要隔离，最好用墙体隔离开，防止通风污染；培养区要求有很好的降温能力，排水畅通、通风性好、干净卫生；出菇区要求保温、调温、调湿、通风性好、干净卫生。

3. **香菇大棚**　大棚一般为上覆遮阳网的食用菌大棚，土质以偏沙性为好，大棚东西走向，宽 3.5～8 米、高 1.8～2.5 米，金属或竹木材质，长度依据场地灵活调整，一般为 25～35 米。

4. **出菇层架**　层架 5～7 层，层间距 25～30 厘米，架间距 0.8～1 米，沿菇棚走向。

5. **地面斜靠式支架**　地面支架高 20～25 厘米，间距 40～50 厘米，用木桩和竹木或铁丝搭建，4～7 排，留 0.8～1 米操作道，沿菇棚走向。

（二）品种

应用品种最好是经本地两年以上试种且表现优良的耐高温型香菇栽培品种，并通过专业机构认证授牌的正规菌种生产厂家（拥有经营许可证、生产许可证、生产营业执照）购置。常用品种有申香215、L808 等。

（三）菌棒制作

1. **培养料**　培养料要求同春栽模式，配方为木屑 79%、麸皮 20%、石膏粉 1%（均以干重计），含水量 50%～55%。

2. **拌料**　用孔径 2.5～3 厘米的钢筛去除木屑中的异物，按生产数量和配方中各原辅材料的比例称重，加足水分，机械混合搅拌；易溶于水的物质，用水稀释后，加入培养料中，搅拌均匀。

3. 装袋

（1）外套袋 规格为 21 厘米×65 厘米，厚 0.015 毫米，塑料袋。

（2）免割保水膜 规格为 15.5 厘米×58 厘米或 16.5 厘米×60 厘米，厚 0.01 毫米。

（3）塑料袋 选择高密度聚乙烯香菇生产专用折角袋（16 厘米×58 厘米或 17 厘米×58 厘米，厚 0.06~0.07 毫米）。

使用装袋机装袋，装袋时要内套与外袋相适的内膜袋。装料要均匀，松紧适度，装好的菌棒表面平整，手按有弹性不下陷。装好的菌袋每袋重 2.7~2.8 千克。装袋机无自动扎口设备的，装袋后需用铝扣扎口机扎紧袋口，扎口后检查沙眼并用透明胶带封贴。

4. 灭菌 装袋后 4 小时内应尽快装炉灭菌，以防栽培袋内培养料发酵酸败。采用高压或中高压设备灭菌的，应严格按设备商提供的使用说明操作，并安排专人负责锅炉的使用及维护。常压灭菌同春栽模式。

5. 菌棒冷却 菌棒温度在灭菌器内自然下降到 70℃左右，将菌棒移至消毒后的接种帐（箱），菌棒搬运时需使用平整的转运筐，一定要轻拿轻放。菌棒冷却后立即接种，不宜长时间放置。

6. 接种 待菌棒中心温度降至 28℃以下，方可接种。接种前将乳胶手套、接种棒、菌种（表面用消毒药剂擦拭）、套袋、消毒药剂等放入接种区，用食用菌专用气雾消毒剂（8~15 克/米^3）密闭熏蒸 45 分钟（接种箱或接种帐）或 8 小时以上（半开放式接种）。半开放式接种模式接种前从背风面开一小口排尽空间残余烟雾，确保在接种空间内不形成对流空气。接种时每棒单面接 4 穴，接种后套上外袋，系好袋口，接种人员要戴手套、口罩，并每隔 1 小时，用酒精等亲肤的消毒剂擦拭双手。

（四）菌棒培养

1. 养菌场地 养菌应有专门的养菌室，养菌室提前 3 天消毒，地面撒生石灰粉（50千克/亩），空间用食用菌专用气雾消毒剂（8～12克/米³）熏蒸。若无养菌室，也可在遮阳和调温条件较好的大棚里养菌，养菌大棚必须干燥、干净、暗光、通风、排水顺畅。大棚使用前地面需铺干净塑料膜，并用生石灰粉（50千克/亩左右）进行消毒，空间用食用菌专用气雾消毒剂（8～12克/米³）熏蒸。

2. 养菌环境

（1）温度　冬季养菌要注意保温。堆内温度应控制在10～28℃，最适温度20～25℃。养菌环境温度低于15℃时，菌棒并列码放成排，高8～12层，2～4排紧靠成一组，上面覆盖塑料膜保温保湿；养菌环境温度15～20℃时，单排码放，排与排之间间距20厘米；养菌环境温度高于20℃时，"井"字形码放，5～7层，每层2棒。定期测量菌棒温度，温度过低时，增加菌棒的码放密度和高度，并加厚保温层，有条件的可人工增温；当菌棒内部温度达28℃时，及时降低菌棒密度和高度，加大通风，以控制菌棒的温度在28℃以下。

（2）湿度　空气相对湿度保持在50%～65%。

（3）通风　菌丝萌发之前可不通风；菌丝生长期气温低时，少通风；菌丝生长旺盛、气温高时多通风。通风要与温度管理相协调，既要保持适宜的温度，又能提供足够的新鲜空气。

（4）光线　暗光养菌，防止菌丝老化和菌皮的提前形成。

3. 翻堆　接种块菌丝生长至菌落直径达到6厘米以上开始翻堆，15～20天翻1次，上、下、里、外菌棒调换；环境温度达到20℃以上时，翻堆后菌棒改用"井"字形码放。翻堆时菌穴之间菌丝相连即可脱掉外袋；翻堆时勤检查，勤清理，及时清除污染菌棒及杂物。

4. 刺孔增氧　环境温度高于22℃时，禁止刺孔。当菌丝长至菌落直径8～10厘米，用洁净的牙签或刺孔针在接种眼周围刺4～6个孔，以刺破菌袋为度。刺孔处菌丝要生长旺盛并且离菌丝生长前端3厘米以上。当菌丝长满，表面出现少量瘤状物时，进行第二次刺孔，孔径4～5毫米，深4～6厘米，含水量高的菌棒可刺50～

60个孔，加快袋内水分蒸发，含水量低的菌棒可刺40～50个孔，堆叠时置于底层，吸收地面潮气，或在培养室（菇棚）地面少量浇水增加环境湿度，促进正常转色。刺孔后，菌丝代谢旺盛，产生大量热量，培养温度要控制在20～25℃，温度过高要加强通风，晚上温度低要保温。

5. **转色管理** 第二次刺孔后，菌棒表面长出大量瘤状物，部分表面菌丝变成棕褐色时，进入转色管理。冬季栽培代料香菇的转色管理为袋内转色，主要技术措施是刺孔通气、翻堆以及给予适当的光照。因袋内湿度变化相对恒定，通过刺孔增加袋内的氧气，可促进气生菌丝的生长；通过翻堆及调整菌棒的堆叠方式，可促进均匀转色；通过改变光照强度可调节转色的深浅。菌棒堆叠受压和未见光部位，或者塑料袋与表面菌丝紧贴部位不能转色，需通过翻堆或采取揉搓、手拉等方法，使袋壁与表面菌丝分离，促使正常转色。培养料含水量过高，或刺孔偏少，或光照过强，转色会加深，菌膜过厚，影响出菇；含水量偏少，或刺孔过多，或光照过暗，转色会偏浅，出菇时会出现菇蕾过密、菇小质次、菌棒抗杂力差、易散袋等现象。同一品种的菌棒，最理想的转色是菌膜厚薄适中，红棕或棕褐色并有光泽，这样菌棒菇潮明显，疏密较匀，菇形等品质好，产量高。

（五）出菇管理

冬栽夏出香菇以出鲜菇为主，出菇方式根据海拔高度和气候特征而定。"五一"节前后温差大，且此时鲜菇市场较好，此时出菇较好，但切勿在菌丝未成熟时催蕾出菇。

1. **地面斜靠式出菇** 当部分菌棒出现"报信菇"即可脱袋，将菌棒脱外袋后呈"人"字形交错靠放于支架上，菌棒相距10～15厘米。脱袋时不要划破或撕坏保水膜袋。

2. **层架式出菇** 将已转色好的菌棒脱去外部菌袋平放于层架上，菌棒之间相距10厘米左右，切勿盲目多放菌棒，导致间距不足影响后期出菇。

3. **头潮菇管理** 脱袋后每天喷雾 1～2 次，每次 10～30 分钟，选择早晚气温低时进行（温度在 25℃ 以内时），菇蕾直径达到 2 厘米左右慢慢加强通风，停止喷水，直到达到采收标准即可以采收。对越夏养菌期间失水严重的菌棒可适量补水，利用注水刺激法进行补水出菇，高温时一定不要注大量的水，以防烂棒，同时需注意少量注水的同时适当加大水压，以一根针注水为宜。

4. **转潮管理** 采完一潮菇后，应养菌 10～15 天，养菌时温度最好保持在 23～25℃，空气相对湿度维持在 70％左右，遮光，适当通风，当采菇凹陷处重新长出菌丝变白后，且近期气候适宜出菇时方可注水，即可进行下潮菇的注水管理。夏季香菇菌棒补水的常用方法是注水器注水。注水量根据菌棒失水和菇棚保湿性决定，一般补至出菇前菌棒重量的 80％～90％。持续高温时，不要注水催菇。

（六）采收

当菇体菌盖展开，边缘内卷时即可采收，也可根据市场及客户需求灵活调整。采收时，用食指和拇指捏住菌柄下部轻轻旋转拧下，放于洁净的塑料筐里。采大留小，动作轻巧，不要弄伤幼小菇蕾和折断菌棒。及时清除干枯、霉变的菇蕾和残留的菌柄。

第六章 PART SIX

河南香菇栽培技术

　　河南省地处中原，属北亚热带与暖温带过渡区地带，全省年平均气温为 13～15℃，年平均降水量 570～1 120 毫米。全年无霜期 189～240 天。四季分明，昼夜温差大，冬春雨雪偏少，日照充足，原材料及人力资源丰富，适宜培育优质香菇。

　　河南省是农业大省，同时又是食用菌大省、香菇大省，改革开放 40 多年来，在党和政府一系列强农惠农方针政策指引下，全省各地立足独特的区域优势和资源优势，大力发展香菇生产，使香菇产业呈现持续健康高质量发展的良好态势。2022 年河南省香菇产量 407 万吨，已连续 11 年居全国香菇产量之首。

　　河南省香菇生产始于 20 世纪 70 年代中期，回顾河南省香菇产业发展历程，可概括为"四个阶段""三次飞跃"。

　　"四个阶段"是：第一阶段是 20 世纪 70 年代至 90 年代初的段木栽培阶段，第二阶段是 20 世纪 90 年代的代料栽培加速发展阶段，第三阶段是 2000—2011 年的代料栽培产量平稳增长阶段，第四阶段是产业全面提升阶段。2012 年以来，随着农业供给侧结构性改革的实施，河南香菇产业进入全面提升阶段。

　　河南省香菇代料栽培还经历了"三次飞跃"：第一次是 1996 年前后，泌阳县香菇从业人员探索创造的花菇栽培技术，使花菇率由以往的不及 10% 提升到 80% 左右；第二次是 2008 年前后，西峡县大力推行的产业化经营和标准化生产，2010 年，西峡建成了河南省首个出口香菇质量安全示范区；第三次飞跃是在农业供给侧结构性改革中，各地积极推行的菌棒工厂化生产和菇棚升级改造以及灭菌新能源的应用，各部门通力配合，促进香菇产业迈向新台阶。

一、栽培设施

1. 生产设备

（1）原料加工设备 主要为木屑粉碎机，从木材到木屑一次性完成。

（2）菌棒生产设备 包括原料搅拌机、自动装袋机、半自动装袋机。

（3）灭菌设备 由常压灭菌柜（灶）逐步升级为高压灭菌柜，锅炉和灭柜可以一体也可以分体，每柜（灶）灭菌的香菇菌棒容量为 5 000～10 000 袋。

（4）接种设备 简易接种箱（帐）、接种室（棚）、净化接种间、接种机等。

2. 出菇棚

出菇棚的结构、地理位置、形状等是否合理，直接影响香菇的产量高低和质量好坏。香菇栽培设施和其他食用菌的栽培设施有很多是通用的，不同栽培模式、地域、栽培季节，有不同的栽培设施。总的要求是：搭建简便，取材容易，成本低廉，抗灾能力强，通风、保温保湿性能良好，能利用太阳能，有散射光，并能通过收放覆盖物来调节昼夜温差和光线。根据经济条件，选择不同的材料，有竹木结构、钢筋水泥结构、钢管结构和椭圆管结构等。

香菇生长期间，需要大量的氧气和温差变化，所以建造的设施不易过大，一般以单体棚为主，棚宽 6～8 米、长 40～50 米、边高 1.5～2 米、顶高 3.2～3.5 米；也可以建造双连栋大棚，棚宽 15～18 米、长 40～50 米、边高 2.8～3.2 米、顶高 4～4.5 米。冬季会下雪的地方，材料要粗，高度要高，这样比较抗压，一般选择是高 3 米以上；风大的地方，大棚建得相对矮一点，培养花菇的大棚则需更小。

3. 几种典型的棚架

(1) 春栽烘干模式棚架 以河南西峡产区为代表进行说明。

①外棚规格。外棚棚高 3.5～4.5 米，每座外棚四周距内架 2 米，四周围栏能通风，遮光。外棚顶和四周用三层遮阳网隔热、遮光 70% 以上，外棚顶与内架顶间距 1.2～2.2 米。提倡 4～6 个内菇架共用一个外棚。连片构筑内菇棚时，共用一个外棚的内菇架不多于 25 架。每架外棚间距不得少于 2 米。

②内架规格。采用中间一大架，两边各一小架的搭架方法（图 6-1）。内架总宽 3.6 米。中间层架地上部分高 2.2 米（埋地 40 厘米），宽 90 厘米，层间距 30 厘米，共 7 层。中间层架两侧走道各宽 90 厘米。两边层架地上部分高 1.9 米（埋地 40 厘米），宽各 45 厘米，层间距 30 厘米，共 6 层。底层距地面 10 厘米，菇棚长度以 10～12 米为宜。棚膜幅宽 7.5～8 米。

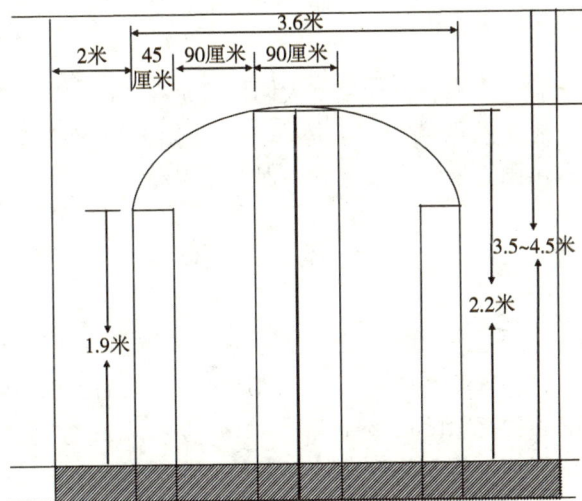

图 6-1 菇棚结构横切面示意图

③架柱材料。可用毛竹、杉木、木料等作架柱，也可用钢管焊制，或用钢筋混凝土预制。层架上一般用毛竹或钢管作棚架材料。

④菌棒摆放。菌棒越夏养菌期间，每个长 2 米、宽 0.45 米的

层架可以摆放菌棒 10 袋，每个 12 米长的出菇棚可摆放菌棒 1 560 袋；出菇期间，每个 2 米长、0.45 米宽的层架摆放菌棒 7 袋，每个 12 米长的出菇棚可摆放菌棒 1 092 袋。

（2）人工催花模式棚架 该模式是泌阳县广大科技工作者与菇农在实践中探索创造的一项栽培技术，花菇率达 80% 左右，改变了以往花菇率不及 10% 的历史，是我国香菇栽培史上的一次飞跃。这种模式的最大特点是"小棚"，便于调控温度和湿度，棚长一般为 6 米，棚宽 2.6 米，边柱高 2 米，内柱高 2.3 米，拱顶高 2.5 米，中间为宽 0.8 米的走道，两边各 0.9 米宽的层架，放双排菌棒，5 层架，每棚可摆放 500 袋。

（3）保鲜菇模式棚架

①拱棚。拱棚目前主要材料是钢管大棚，跨度 6～10 米，长度 30～50 米，有单棚也有双棚。不同地区采用的材料不一样，冬天下雪的地区，一般采用径粗 3 厘米以上的钢管，雪大的地区中间还要加立柱。

②日光温室大棚。日光温室大棚主要是在寒冷地区春秋和冬季生产香菇，后墙及两端利用墙体保温，向阳面用塑料薄膜加保温被，白天利用阳光增温，夜晚利用保温被保温。

二、品 种

1. 春栽秋冬出常用的香菇优良品种 应选择中温偏低型的中晚熟品种。春栽香菇品种很多，不同地区使用的品种也不同，生产中常选用的品种有 L135、241－4、9015、9608、申香 16 号等。

（1）L135 低温型迟熟菌株，菌丝生长温度 4～34℃，出菇温度为 6～18℃。栽培周期为当年 2 月至翌年 4 月。其优点是盖大、肉厚、柄短、易形成花菇；其缺点是菌丝抗逆性差，不易越夏，产量偏低。适合高海拔地区栽培。

（2）241－4 中温偏低型迟熟菌株，朵中大，朵形圆整，菌柄短而细，品质优。菌丝生理成熟期长，菌龄 180～200 天，出菇温度 6～20℃。代料和段木栽培两用品种，适宜春季制棒，秋冬季出菇，管理容易，产量高。适合豫西菇区栽培。

（3）**9015** 中温偏低型中熟菌株，朵形圆整，肉厚，产量高，不易开膜，易形成花菇。接种期的弹性较大，春、夏、秋三季均可接种，9 月下旬至翌年 4 月出菇。菌棒转色稍深、菌膜稍厚，利用震动拍打法催蕾具有良好的效果。

（4）**9608** 中温偏低型菌株，菌丝生长温度 5～32℃，出菇温度 8～24℃。菌丝生长粗壮浓白，耐热抗性强。菇体韧性好，菇盖圆整，易形成花菇，温差越大，菌盖越厚，裂纹越深，尤其深秋出菇，菇质最优。适宜春季栽培，2—3 月为最佳接种期，出菇期为 10 月至翌年 4 月。

（5）**申香 16 号** 香菇菌种 939 和 L135 的杂交品种，中温、中熟型品种，菌丝粗壮浓白，抗逆性强，生长适宜温度为 20～25℃；出菇适宜温度为 10～22℃，适合于代料栽培。菌龄弹性较好，制种期的安排根据不同地区、不同海拔高度而定，平原地区在 8 月中下旬制种，也可在 5 月制种，避开高温季节。

2. 春栽夏出常用的香菇优良品种

（1）**武香 1 号** 高温品种，子实体单生，偶有丛生，中等大小，菇体致密，有弹性，具硬实感，口感嫩滑清香。耐高温，出菇早，转潮快。

（2）**L9319** 子实体中大型，属高温型中熟品种。菌丝粗壮浓白，抗逆性强，适应性广。菌盖黄褐色，朵形圆整，菌柄中等，菇质硬实。菌龄 120 天，最适出菇温度为 15～28℃。温差、湿差、震动刺激有利于子实体发生。由于菌龄较长，在 11 月下旬至翌年均可制袋，2—3 月制袋出菇偏迟，养菌时间越长越好。如头茬菇出菇不正常，畸形菇较多，建议遏制催菇，持续养菌至生理成熟出菇，产量高，菇质优。该品种春夏、夏秋季出菇，潮次明显，抗逆性强，适应性广。

（3）**南山 1 号** 菇体单生，中大型，半球形。菌盖直径 4.5～7 厘米，深褐色，表面丛毛状鳞片明显，呈圆周形辐射分布。菌肉白色，致密结实不易开伞，属中高温型菌株，菌龄 70～90 天，出菇温度为 5～30℃，最适出菇温度为 15～25℃。菇蕾形成期需 6～10℃的昼夜温差刺激。

3. 常用的秋栽香菇品种 有香菇 087、雨花 3 号、雨花 5 号、L808、申香 215 等。

（1）香菇 087 广温型品种，菌龄 60～70 天，出菇温度 8～24℃。子实体大中型，较肥厚，圆整。菌盖黄褐色，柄较细，中等长度。产量高，菇量集中，转潮快，花菇率高。

（2）雨花 3 号 中低温型品种，菌龄 55 天，出菇温度 6～16℃。子实体大中型，较肥厚，菇形圆整，菇量集中，转潮快，高产稳产，菌柄较粗，鳞片多，易形成花菇。

（3）雨花 5 号 中温型品种，菌龄 60～65 天，出菇温度 10～23℃。子实体大中型，较肥厚，菌柄较粗，鳞片多，菌盖圆整，黄褐色，柄短细。转潮快，花菇率高，产量高。

由于现在的设施改进及管理水平的提高，许多秋栽品种也在春栽模式中使用，如 L808、申香 215 等。

4. 适宜工厂化栽培的香菇优良品种

（1）沪香 F2 子实体单生，菇形圆整，菌盖浅棕色至棕色，菇型等级为中大型，菌肉结实，中等大小。沪香 F2 属中温型、中菌龄型品种，适合于代料工厂化生产。菌丝生长适宜温度为 22～25℃，出菇适宜温度为 16～23℃；菌龄 85～90 天，催蕾温度 19～20℃，保持室内通风与照明。菇蕾形成后，可降低温度至 16℃使菇蕾保持整齐强壮。二氧化碳浓度 1.5% 以下。

（2）申香 1504 子实体单生，菇形圆整，菌盖浅棕色，菇型等级为大型，菌肉结实，其菌龄为 90～95 天，；所需温差刺激为 0～2℃温差。申香 1504 属中温偏低型品种，菌丝生长适宜温度为 21～23℃，出菇适宜温度为 16～20℃，培养 40～45 天发满菌后进入转色期，转色温度 23～25℃，空气相对湿度 75%～80%，光照强度大于 200 勒克斯，继续培养 45～50 天直接脱袋进行催蕾，用清水充分喷淋菌包表面后，温度调至 20～22℃，湿度大于 90%，光照强度大于 500 勒克斯处理 2～3 天，可见菇蕾突破菌皮而出，平均菇蕾数 10～16 个。

(3) 沪香 F6 广温型、中菌龄品种，子实体单生，菇形圆整，菌盖浅褐色，菇型等级大型，菌肉结实，菌龄为 90～100 天。菌丝生长适宜温度为 23～24℃，出菇适宜温度为 10～20℃，培养 35～45 天发满菌后进入转色期，转色温度为 21～22℃，空气相对湿度为 65%～75%，光照强度为 100～400 勒克斯，继续培养至 90～100 天进行脱袋催蕾，注水至装棒重量的 85%～95%，出菇温度 10～20℃，空气相对湿度 85%～90%；散射光，第一潮平均菇蕾数为 26～37 个/棒。

三、菌棒制作

1. **生产方式** 随着河南食用菌"双改"工作的推进以及设施、设备水平的提升，生产水平不断提高，目前河南省食用菌的生产方式有多种。

第一种方式是"设施制棒＋生态出菇"，这种方式是企业或大型合作社购进成套制袋、灭菌生产线以年产几百万甚至几千万袋的规模集中制棒，然后向菇农出售成品、半成品而分散出菇的方式，层架高压灭菌，净化室接种机接种。第二种方式是种植大户制棒，年生产 30 万袋左右，自给自足，规模化生产，层架常压灭菌，常规人工接种。第三种方式就是菇农"小作坊"式生产，每家每年生产 5 万袋左右的规模，以堆叠码放罩膜覆盖导气常压灭菌，常规人工接种。

2. **栽培季节** 主要有春栽和秋栽两大栽培季节，有春栽夏出、春栽秋冬出、秋栽冬春出等几大栽培出菇模式。随着香菇新品种的不断推陈出新、栽培模式的多样化以及出菇设施的升级，菌棒生产季节在不断拉长，如 L808、申香 215 等品种，从 8 月初一直可以种到翌年 3 月，有半年的接种时间。再加上不同地理纬度，不同海拔高度，全省基本上可以达到周年栽培，周年出菇。

3. 栽培基质原料与配方

（1）主要原料

①木屑。木屑是代料栽培香菇的主要原料，板栗树、青冈栎、麻栎、栓皮栎、柳树、枫树、刺槐等硬质阔叶树种的木屑栽培香菇较好，这些树种加工的木屑，质地密、木质素含量高、耐腐朽，有利于香菇菌丝积累养分，培育出的香菇菌盖大、肉厚、出菇期长。其他原料比如果树枝条、桑枝条等，经粉碎后与木屑按比例科学搭配，也是栽培香菇的优质替代原料。木屑以专用粉碎机加工为好，木屑颗粒呈方块状，颗粒直径6～20毫米，粗细搭配合理，无杂质、无霉变。

②麸皮。袋栽香菇生产培养料中常添加的辅料有麦麸，其营养丰富，质地疏松，透气性好，但易滋生霉菌，故用作培养基时需经严格挑选，变质发霉的不能使用。颗粒较大的麦麸比颗粒较小的效果要好，一般用量不超过20%。

③石膏。熟石膏在香菇生产上被广泛用作固体培养料中的辅料。其主要作用是改善培养料的结构和水分状况，增加钙营养，调节培养料的pH。一般用量为1%～2%。

（2）主要配方 一是栎木屑80%、麦麸18%、石膏2%，含水量50%～55%，pH 6～7；二是栎木屑40%、苹果木屑40%、麦麸18%、石膏2%，含水量50%～58%，pH 6～7。

（3）配料

①称量。按计划生产数量和配方中各原料的比例准确称取重量。

②过筛。将木屑用2～3目的铁丝筛过筛，剔除小木片、小枝条及其他有棱角的硬物，以防装料时刺破塑料袋。

③混合。配料时先按比例称量好木屑、麦麸、石膏粉等，混合后翻拌均匀。

④拌料。直接将称重后的原料按照木屑、麦麸、石膏的顺序依次倒入搅拌机，在未加水前充分拌匀10～15分钟，而后一边加水一边搅拌至含水量达到要求。人工拌料则是先把混合的原料摊开，

做成中间凹陷周围高的料堆，再把清水倒入凹陷处，用搂耙或掀把凹陷处逐步向四周扩大，使水分逐渐渗透，并再次将料堆摊开，反复翻拌 3～4 次，使干料均匀吸收水分。

4. **装袋** 采用装袋机装袋，塑料袋规格为折径 17 厘米×58 厘米，厚 0.008 厘米；18 厘米×60 厘米，厚 0.008 厘米。装料结束后机械扎口，要求袋口扎紧不漏气。要求料棒紧实，袋无破损。设一检验人员，用眼观、手摸方法，发现料棒微孔后，用通气胶带粘贴。采用高压灭菌的，装料后在距料棒底部 1/4 处扎一直径 5～6 毫米的小孔，贴上通气胶带，防止灭菌过程中胀袋。装袋从开始到结束，时间不超过 6 小时。装料和搬运过程要轻拿轻放，不可乱扔乱撂，以免破袋或料袋产生沙眼，感染杂菌。

5. **灭菌**

(1) 常压灭菌

①及时进灶。培养料营养丰富，装入袋内容易发热，如果不及时灭菌，酵母菌、细菌加速增殖，将基质分解，导致酸败。因此，装料后要立即进灶灭菌。

②合理叠袋。培养料进灶的叠袋方式，应采取一行接一行，自下而上重叠排放，上下袋形成直线；前后袋的中间要留空间，使气流自下而上流通，仓内蒸汽能均匀运行。科学的灭菌方式是层架式灭菌，建议推广。

③罩紧薄膜。大型罩膜导气灭菌灶，采用外部蒸汽导入灭菌灶底部灭菌。一次容量 3 000 袋以上的，其叠袋方式可采取四面转角处横竖交叉重叠，中间与内腹直线重叠，但内面要留一定的空间，让气流正常流动。叠好袋后罩紧薄膜，外加彩条布（或帆布），然后用绳索缚扎，四边压沙袋等物，以防蒸汽压力把罩膜冲飞。

④温度指标。料袋进蒸仓后，立即旺火猛攻，使温度在 6～8 小时内迅速上升到 100℃，保持 20～24 小时，中途不停火，缓加冷水，不降温，使之持续灭菌，防止"大头、小尾、中间松"的现象。每次灭菌量大于 4 000 袋时，应增加 1 台蒸汽发生炉，使蒸汽发生量与料袋数量相匹配。灭菌时根据一锅蒸料的多少灵活掌握时

间，以 3 000 袋为例，袋温达到 100℃后要维持 18 小时以上，每增加 1 000 袋，灭菌时间要延长 2 小时以上；一次装 6 000 袋，需维持 100℃ 24 小时，如果遇到大风天气，还要适当延长 2～3 小时，或在迎风面加遮挡物，否则，迎风面的袋子蒸不透。为准确掌握灭菌料袋内部温度，可把线控压力式温度计的测温探头放在灭菌垛底部上数 2、3 层中间，表盘放在外面，从温度盘上读数，温度持续保持 100℃不降温。

⑤常压灭菌柜。有条件的可以采用常压灭菌柜灭菌。常压灭菌柜保温好，一般保温 16 小时后停火，再闷 8 小时以上，这样更节能省工。

(2) 高压灭菌 近年来，规模较大的合作社或制棒厂逐渐推广高压灭菌，高压蒸汽灭菌器需先排尽柜内冷空气，关闭排气阀，灭菌温度上升至 112～118℃，保持 6～6.5 小时。

6. **冷却** 灭菌后的培养袋及时搬进接种室（或接种棚）内冷却，最好按"井"字形摆放，让袋温自然冷却，袋内温度下降到 28℃时方可转入接种工序。检测方法推荐用棒形温度计插入袋中观察温度，用手摸料袋凭感觉判断容易出现失误。生产中由于料温过高烧死菌种的例子较多，要高度重视。

四、菌棒接种与培养

1. **接种** 目前河南香菇菌棒人工接种方式有两种：一种是接种箱法，另一种是开放式接种法。工厂化制棒厂使用自动接种机。

(1) 接种设施 香菇生产中可以选用的接种设施有接种室、接种棚、接种箱或接种帐等。接种室要求清洁卫生、干燥、密闭、便于通风；也可专门搭建临时塑料接种棚；也可选用简易接种箱；也可选用宽幅薄膜围罩成的接种帐、移动式接种床等。

(2) 消毒方法 接种前要做到两次消毒，即接种设施的初次消毒和料袋进入接种设施内的二次消毒。常用的消毒方法有紫外线照射、液体消毒剂喷洒、气雾消毒剂熏蒸、使用臭氧发生器等，可根据具体接种环境情况任选一种或同时用几种。

第一次对接种设施消毒，应在接种前 24 小时进行，消毒方法宜用药物喷洒法。而在料袋进入接种设施内再次消毒时，应在接种前 1～2 小时进行，消毒方法可采用气雾消毒剂熏蒸、使用臭氧发生器、紫外线照射等。连续接种时，除第一批次需二次消毒外，其余批次可待料袋进入接种设施后消毒一次即可。

接种前对所使用的菌种再仔细挑选一遍，把不纯的、老化的或看起来有疑点的菌种剔除出来，将合格的菌种放在一起用塑料布蒙着用烟雾剂先消毒一次，然后取出，用 75% 的酒精擦洗菌种表面，再搬进接种室等接种设备内，连同料袋、接种工具等一起进行接种前的第二次消毒。

(3) 接种箱接种方法　大批量接种时，选择晴天午夜或清晨接种，此时气温低，空气较洁净，杂菌处于休眠状态，有利于提高接种的成活率。雨天空气湿度大，容易感染霉菌，因此不宜进行接种。

①打穴接种。采用木棒制成的尖形打穴器（专用打穴钻）打孔，单面接种，每袋接种 3～5 穴，穴口直径 1～2 厘米，深 2 厘米，打好穴后把木屑菌种接入穴内，接满穴口，并使菌种略高出料面 1～3 厘米，稍压紧，用菌种将穴口封严，点种后立即套外袋扎口。一般 15 厘米×30 厘米的菌种袋可接 8～10 袋。接种完毕后，置于培养室（棚）内养菌。

②枝条菌种接种。将料袋表面用 75% 的酒精擦拭，擦拭时朝一个方向擦一遍，不要来回擦涂，然后，手上套无菌手套，把枝条菌种从菌种袋中取出，在袋面把枝条菌种等距离插入料袋内，每袋接种 3～5 穴，枝条高出料袋 1～2 毫米，接种后套上外套袋。

(4) 开放式接种方法　开放式接种法是一种省工、高效、有较高成活率、相对使人舒适、易掌握的接种方法。

①冷却接种场所杀虫消毒。开放式接种法的冷却场所即为接种场所，要求卫生条件要好。先打扫冷却接种场所内地面、四壁和屋顶，用杀虫剂、消毒剂对地面、四壁和屋顶喷洒后，关闭门窗杀

虫、消毒 24 小时，打开门窗透风，再用塑料薄膜平铺地面待用。

②料棒处理。将料棒出灶移至该场所，用薄膜覆盖。为防止形成冷凝水，要经常掀开覆盖膜通风，如此直到完全冷却至可接种菌棒的温度。将菌种及其他物品放置在料棒堆上，然后将气雾消毒剂点燃，用量视菌棒量和接种空间而定，并用薄膜把料棒覆盖严密，尽量不要让气雾消毒剂的烟雾逃逸出来，消毒 3～6 小时。

③接种前放气。开放式接种先把房门打开，用塑料棚帐式接种的则可把棚门打开，再将覆盖料棒的薄膜掀开一部分，让含氯气雾剂不断逸出到环境中，直到接种点的含氯气雾浓度不影响接种人员健康呼吸，即可进行接种。

④打孔接种。菌种预处理、接种方法同接种箱法。

2. 发菌培养 整个培菌期主要是围绕着调节培养室的温度而采取不同的管理措施。其具体管理措施如下。

（1）合理摆袋 刚接完菌时可以集中堆码，但随着香菇菌丝的定殖和发育，菌丝产生的呼吸热会使环境温度迅速提高，料内温度更会高出室温 3～7℃，这时要降低菌棒的堆放高度，必要时转换成"井"字形或△形排放。

（2）科学调节温度 菌棒培养期间，根据不同生长期的气温、堆温和料温的变化，及时调节，防止温度过高或过低。

①菌丝萌发定殖期。接种后的菌棒头 3 天为发菌期，其袋温一般比室温低 1～2℃，此时室内温度应控制在 27℃左右，冬季如果气温低于 22℃，可用薄膜加盖菌袋，必要时考虑加温，使堆温升高；夏季则要增加遮阳物，加强通风，必要时考虑增加降温设备降温，以满足菌丝萌发对温度的需要。

②生长期。接种 4～5 天后，接种穴四周可以看到白色绒毛状的菌丝，逐步向四周蔓延伸长。培养半个月后随着菌丝加快发育生长，菌棒温度会比室温高出 2～3℃。此时室温温度调节至 21～23℃最合适。

③旺盛生长期。当菌棒培养 25 天以后，菌丝处于旺盛生长状态，尤其是刺孔以后，需氧量增加，堆温上升较快，应特别注意防

止高温。这段温度宜控制在 23~24℃，如果室温为 27℃，那么菌棒内部就会超过 30℃，必须注意调整堆形，疏袋散热，以"井"字形或△形重叠，抑制堆温上升，降低菌温。

(3) 加强通风换气　菌棒培育期间加强通风换气，可结合调节温度，气温高时选择早晨或夜晚通风；气温低时中午前后通风；菌棒堆大而密时多通风，菌温高时勤通风，有条件的可以加装电风扇排风，加大空气流速，降低温度。

(4) 防湿控光　菌棒培养阶段要求场地干燥，空间相对湿度在70%以下，防止雨水淋浇菌袋和场地积水潮湿。在菌棒培养期间严禁对菌袋喷水。菌棒培养不需要光线，培养室应遮光，待菌丝长满袋后，再给予适量光照，使菌丝隆起生长，逐渐转色形成菌皮。但要注意通风，不能因为遮光把培养室盖得密不通风，造成空气不对流。

(5) 翻堆检查管理　在菌棒培养期间，要翻堆 4~5 次，第一次在接种后 10~15 天，以后每隔 7~10 天翻堆 1 次。翻堆时做到上下、里外相互对调。目的是使菌棒均匀地接触光、空气和温度，促进平衡发菌。翻袋时认真检查菌袋，发现杂菌污染要及时处理。常见在菌棒面和接种口上，有花斑、丝条、点粒、块状等物，其颜色有红、绿、黄、黑，这些都属于杂菌污染。污染菌棒挑出后及时集中灭菌处理。

(6) 脱袋管理　当接种穴的菌丝发展到菌落直径 6~8 厘米时，即可将外套袋脱掉，结合脱袋翻一次堆。

(7) 刺孔管理　菌丝在栽培袋内培养料中生长，要消耗氧气。当前端菌丝开始变淡或菌棒内出现瘤状物时，表明袋内已经缺氧，要及时刺孔。刺孔在整个发菌期需要进行两次。第一次在菌丝圈完全相连后进行，每个菌穴用直径 5 毫米的铁钉针刺 5~10 个孔，孔深 1.0~2.0 厘米；第二次当全袋菌丝均发白时刺孔，在菌丝发透的部位用削尖的竹筷子、螺丝刀等均匀刺 60~100 个孔，要适当深刺至袋心，让菌丝发满发透，也可采用机械刺孔。

刺孔应注意几点：刺孔后 2~3 天，因菌丝呼吸作用加强，释放出大量热能，袋内温度高出室温 6～10℃，当袋温达到 30℃ 时，应停止刺孔，防止烧菌；刺孔后一周内防止雨淋；含水量高的菌棒可多刺，含水量低的要少刺；菌棒污染部位、菌丝未发到部位、有黄水部位、菌丝刚连部位均不刺孔；对同一发菌室（棚）内的菌棒刺孔，要分批进行，以防刺孔后散热不及时，造成烧菌。第二次刺孔后，刺孔部位应侧放；刺孔后注意通风降温，降低菌棒堆叠层次。

（8）转色管理　菌丝长满袋后，会出现爆米花状瘤状物，待菌袋 2/3 表面出现大量瘤状物后，菌棒进入转色管理。香菇菌棒转色好坏直接影响出菇快慢、产量高低和质量好坏，同时，转色能为香菇菌棒营造一个保护层，保证菌棒安全越夏。

转色是靠调节干湿差而形成的，转色促熟的适宜温度是 15～25℃，最适温度为 18～22℃，空气相对湿度控制在 85% 左右，辅以适当的通风和散射光刺激。

整个转色过程需要 15～20 天，转色必须在越夏管理之前完成。转色过程中菌棒内常常分泌出黄色汁液，要及时刺孔排出，防止菌棒污染。成功转色的菌棒菌膜呈有光泽的棕红色，菌皮厚薄适当，具有较强的韧性。

五、出菇管理

1. **春栽香菇的出菇管理**　春栽香菇又分为春栽普通菇和春栽花菇两种。春栽普通菇包括鲜菇和干菇两种形式。在春栽香菇中，秋季、冬季和翌年春季长出的子实体，分别称为秋菇、冬菇和春菇。

（1）**普通菇的出菇管理**　菌棒经养菌、转色越夏、菌丝完全达到生理成熟后，10 月初，外界日平均气温下降到 25℃ 以下时（河南一般在霜降前后），即可进入排场、脱袋、催蕾出菇管理阶段。开始脱袋排场上架的，通过昼夜温差和湿度变化，刺激菇蕾发生，但应避免强刺激导致菇蕾发生过密。

①排场。将达到生理成熟的菌棒，移入出菇棚，按照合适的密度均匀摆放整齐。

②脱袋。脱袋时左手拿菌棒，右手拿刀片，在菌棒一侧纵向划出三角形的两边，从三角形顶端揪其薄膜，顺手向下一拉把袋膜脱去，然后摆放在菇架上。

③秋季管理。该时期温度仍偏高，可增加遮阳网密度甚至凌空再架设一层遮阳网（低棚可在棚外增加一层草帘）以降低光照强度；棚顶上午 10 时至下午 3 时喷水，同时进行棚内喷水以控制菇床温度和增加空气湿度；增加通风时间以增加氧气含量，每天 1～2 次，每次约 30 分钟，喷水后通风 1 小时。若遇高温又下雨，把盖膜四周拉空通风，雨停后把盖膜全部掀去，加大通风量以减少霉菌侵染。

④冬季管理。冬季气温低，菌丝新陈代谢活动弱，营养积累慢，原基分化、子实体形成缓慢。管理重点是减少棚顶遮阳物，增加光照，提高和控制好温度。夜晚盖严薄膜，必要时加盖一层遮阳网，提高冬菇产量的另一措施是选择合理的催蕾方法，缩短菇蕾形成的时间，增加菇蕾形成的数量，尽量多出几潮菇。

⑤春季管理。春季前期气温不高，主要是控制好棚温和抓好菌棒补水工作，冬菇采后，菌棒休息复壮 5～7 天后需及时补水，促进菇蕾发生。出菇后要及时把遮阳网位置恢复原位，每天通风 1 次，每次 30 分钟，视天气状况决定喷水量，后期气温高，湿度大，重点要抓降温、控水、加强通风、防止霉菌污染。一般采取的方法是：加厚遮阳网；大棚外喷水降温；开启一端棚门的薄膜以降低白天棚温；早晚喷水通风各一次，每次 30 分钟，以达到降温、增氧、保湿的作用。采收后打开两端棚膜门养菌 3～4 天。春季菇补水时，切忌补水过多，造成菌丝缺氧死亡和烂棒。

⑥补水管理。菌棒补水管理是出菇管理的重要环节。一般香菇菌丝发菌结束、出菇之前，以及每潮菇出完之后养菌结束都要有补水环节。补水方式有注水法和浸水法两种。春栽香菇采用中袋栽培，以注水方式进行补水。将注水针接头与胶管连接，胶管与高压

自来水管连接，然后把注水针插入菌棒中心，利用水压将水注入菌棒。浸水法是把菌棒刺若干个孔后搬入水池内，叠高5～8层，然后，铺上木板压上石头或用棍棒捆扎牢固，放水入池将菌棒淹没7～8厘米，池内水温不要超过20℃，超过时加换冷水。

菌棒补水应根据不同时期补充不同水量，脱袋后第一潮菇是否补水要根据菌棒的失水情况而定。如果失水不严重（菌棒减重不超过20%）则不需要补水。因为发菌过程中菌棒之间水分含量差异很大，脱袋后，水分大的能够自然出菇，水分小的可以继续养菌。第一潮自然菇出完以后，每个菌棒之间水分含量基本趋于一致，这时可以统一补水，补水量相对一致，便于第二潮出菇的整齐度。如果失水严重，菌棒重量低于制袋时重量的80%，则脱袋后应立即补水。第一次补水量控制在补水后的菌棒重量达到制棒时重量的95%～100%。以后每出一潮菇都要补水一次，但补水量逐渐减少，补水量要根据每潮出菇量而定，以补水后的菌棒含水量达到65%～70%为宜。

温度也是决定补水量和补水时间的重要因素，温度高时适当少补水防止菌丝缺氧而造成烂棒，温度低时可以适当多补水。气温若在15℃以下时，宜选在晴暖天气进行补水，补水量可以达到标准的上限；气温高于25℃以上时，需待气温降到20℃左右时补水为好，所以高温时段的补水最好选择在夜间或是凌晨进行，补水量以标准的下限为宜。

（2）**花菇的出菇管理** 在菇棚层架中，采用不脱袋割口出菇或保水膜出菇时，菇蕾形成后需要进行疏蕾与催花。由于菇蕾能从菌棒内获取水分，而子实体菌盖表皮因为空气干燥而受到抑制，菌盖内外细胞生长不能同步，菌盖表皮干裂，形成花菇。

采用不脱袋割口出菇时，当菇蕾直径达1～1.5厘米时，用锋利小刀将菇蕾边缘薄膜环割3/4，让菇蕾从割口处长出。对菇蕾留优去劣，兼顾分布均匀，每个菌棒留8～10个菇蕾，多余的菇蕾用力按死或直接去除，这一过程称为疏蕾。菇蕾直径长至2～3厘米时，开始进行催花管理。白天揭塑料膜让微风吹拂，夜间温度低于

5℃时盖膜，5℃以上不盖膜；阴天有风可揭膜，无风不揭膜。若遇阴、雨、雾天可用烧火加温的方法将棚内湿气排出，通过降温的方法迫使子实体的表皮组织干燥停止生长，这样内外生长不同步，表皮干裂，提高花菇率。

2. 夏季香菇出菇管理 河南夏季香菇主要分布在豫西地区，冬春季制棒，夏季出菇，出菇管理模式有覆土摆袋模式、层架或斜靠模式。一般不越夏，但夏季温度过高时会选择休眠，等夏末秋初温度下降以后继续出。

(1) 覆土摆袋模式的出菇管理

①覆土选择与处理。选择沙壤土或胶泥灰等为覆土材料，含沙量以40％左右为宜。除胶泥灰外，其他覆土材料应打碎过筛，消毒，然后摊开备用。

②覆土。将脱袋转色好的菌棒紧靠排列于畦土上，边缘用泥浆封好。将覆土材料覆盖在菌棒上，并将菌棒之间空隙填满，再浇水沉实，以菌棒表面露出覆土约5厘米为宜。

③出菇管理。白天将畦床上拱膜盖上，形成高温和缺氧环境，傍晚揭膜通风，喷水降温，加大昼夜温差。经3～5天连续刺激，菇蕾即可形成，然后撤去拱膜，增加通气量。剔除丛生或畸形菇蕾，每袋保留6～8个菇蕾即可。

子实体生长期间应适时喷水，通风降温。采收一潮菇后，停止喷水4～5天，同时对菌棒间空隙进行补土，喷水沉实，保持菌棒与覆土紧密接触。养菌结束后，再喷凉水催蕾，每天4～5次，待菇蕾形成后，再进行正常管理。

当气温达到32℃以上时，停止出菇，管理重点是降低棚温，加强通风，减少菌棒含水量，预防霉菌侵染。当气温下降，即进入秋季出菇管理期，先用小铁钉在菌棒上刺孔，结合拍打菌棒进行催蕾，喷凉水补充菌棒含水量，增加昼夜温差，刺激菇蕾发生。3～4天后菇蕾形成，每天早中晚各喷水1次，喷水后通风降温。子实体采收后，加大通风量，降低菌棒含水量，偏干养菌5～7天，再重新补水催蕾和进行出菇管理。

（2）层架或斜靠模式的出菇管理

①春夏期出菇管理。这种模式主要在豫西高海拔地区，利用当地的冷凉小气候，在夏季实现中温品种出菇（相对平原地区夏季须栽培高温品种实现出菇），此期出菇的菇质肥厚，市场竞争力强。

春夏期的气候特点：前期高温，后期降水多，湿度大，气压低，空气含氧量少，为此春夏期出菇管理的重点是降低棚温、加强通气。

第一潮菇的催蕾可采用温差刺激法，以后气温更高则可采用拍打催蕾和冷水催蕾法。温差刺激具体操作：白天用薄膜闷棚，夜间打开薄膜，通气半小时，并喷一次凉水进行降温，然后盖好薄膜，以拉大白天与夜间的温差，连续 3～5 天的温差刺激，使菌皮下的菌丝不断扭结形成原基继而发育成菇蕾。

②越夏管理。夏季气温高达 30～35℃，甚至更高时，高温香菇无法发生，此时应当进入越夏期，越夏的管理原则为降低棚温，降低菌棒的含水量，适时通风，喷水。

要把棚温降到 30℃以下，减少菇床高温时间，采取加厚棚顶遮阳物、四周特别是朝西部位加严围栏的方法；引入畦沟流动水，通过空间喷水降低温度，每天向菌棒喷水 1～2 次，每次喷水量不宜大，只需保持菌棒表皮湿润，通风量大时多喷，通风量小时少喷。

③早秋出菇管理。菌棒经 1 个月的越夏管理，含水量下降较大，越夏结束后要及时注水补充水分，要注意控制补水量。补水后的菌棒，用拉大温差等方法进行催蕾。

早秋的温度仍然较高，菇蕾形成后要注意降温，具体要结合保湿、通风管理进行。具体做法：提高畦沟的水位，增加喷水次数，晴天每天早中晚各喷水 1 次，以降低温度、增加湿度。雨天则少喷或不喷。通风要选择气温低的早晨和晚上以满足降温增氧的要求，每天通风 1～2 次，每次 30 分钟至 1 小时。

3. 秋栽香菇出菇管理 秋栽香菇主要分布在驻马店泌阳，包括普通菇和花菇两种出菇管理方式。

(1) **普通菇的出菇管理** 包括秋菇管理（10—12 月）、冬菇管理（1—2 月）和春菇管理（2—4 月）3 个阶段，出菇管理措施参考春栽香菇普通菇的管理。

(2) **花菇的出菇管理** 秋栽花菇出菇管理的核心是催蕾和育花。

①催蕾管理。将达到生理成熟并完成转色的菌棒，放入水池中，浸泡 2～4 小时。以菌棒含水量不超过 55%、浸泡水温比气温低 5℃以上为宜。菌棒浸水后，即可排袋上架，覆膜保温保湿，棚内空气相对湿度保持在 85%以上，温度 15～20℃。经 3～5 天连续覆膜，菇蕾即可出现。

当菇蕾直径达 0.5～1 厘米或微微顶起袋膜时，及时用锋利的刀尖绕菇蕾近处划破袋膜 3/4，留 1/4 使袋膜面相连，让菇蕾自由长出。过早割袋，菇蕾太小，抗逆性差，难以成活；过迟割袋，菇蕾太大，易挤压，长大后成为畸形菇，商品性差。幼蕾对外界条件适应性差，只有创造一个适宜的环境才能正常生长，否则小菇蕾会中途"夭折"，因此要保证小环境温度在 10～12℃，湿度 80%～90%，早晚通风保证空气新鲜。切忌割孔后 2 天内出现温度低于 5℃、3 级以上的大风和强光照射的环境条件。

当菌棒现蕾过密时，应进行疏蕾，留优去劣，每袋保留 8～15 个即可。幼蕾刚伸出袋外时，棚温应保持在子实体生长适宜范围内，空气相对湿度 80%～90%，有散射光，通风良好。然后让幼菇个体生长放慢，慢慢积累养分，使菇肉变得坚实致密，这一过程称为蹲蕾。蹲蕾使发生时间不同的菇蕾长速及长势尽量达到一致。当幼菇（直径≤2.5 厘米）进入生长后期，应进行控温促壮，棚温控制在 5～12℃，空气相对湿度保持在 60%～70%，给予充足氧气和适当光照。蹲蕾一般需 5～7 天，无风的晴天可掀去薄膜，让阳光照射幼菇。

②育花管理。水分与空气相对湿度是影响花菇形成的关键因子。蹲蕾处理后，当菇棚内大部分幼菇菌盖直径达到 2～3 厘米时，即可进行催花管理。催花管理方法与春栽香菇的花菇管理方法基本

一致。

人工催花时，一般晚上 11—12 时在棚内加温排湿，加温方式以炕道、烟道、热风机为好。加温时将菇棚一端门打开，并将另一端菇棚顶部留出一道缝隙，以便棚内空气对流，达到排热气与排潮的目的。加温 4～5 小时控制棚温不超过 30℃（袋温不超过 15℃），到上午露水下去后将覆盖菇棚的薄膜全部揭开，幼菇菌盖表皮由湿热状态骤然遇冷，在冷风的吹刮下，会立刻出现裂纹。幼菇菌盖表皮出现裂纹后，连续按自然催花法或人工催花法操作 4～5 天，使菌盖表皮裂纹不断加宽加深，白色菌肉呈龟裂状，这一过程称为育花。继续维持低温和干燥的环境条件，使花菇菌盖表面保持白色不变的管理过程，称为保花。

六、采　收

1. **普通菇采收**　根据市场的需求，香菇可分别用于鲜销和干制，根据不同的销售方式，采收和加工方法也有所不同。一般来说，用于鲜销的香菇可采六七分成熟的、菌膜尚未破或刚破的菇。用于鲜销的香菇采下后，马上进入冷库保鲜，筛选后直接包装出口或不进入冷库，直接包装、散装进入终端市场。用于干制的香菇一般是采七八分成熟、卷铜锣边的香菇。夏季香菇也要尽早采收，六七分成熟即可。

2. **花菇采收**　在 5～12℃的低温下花菇缓慢生长。当菌膜即将破裂、菌盖内卷，即可分批采收烘干。采收时用拇指、食指和中指捏住菌柄的基部，旋转拧下，不留菇柄在菌棒上，以免后期滋生杂菌。花菇价位高、效益好，早期以干菇为主，近年走进鲜销市场。

辽宁香菇栽培技术

近 5 年来，全熟料代料栽培已经成为辽宁省范围内香菇生产普遍应用的栽培方法，根据栽培设施和场地的不同，分为斜置地摆和立体层架两种栽培模式。其中全熟料立体层架栽培模式逐渐成为辽宁地区香菇主要栽培模式。此外在新宾、宽甸等辽东部分地区仍存在一定面积的半熟料栽培，且由三柱联体立式栽培发展为单体大柱立式栽培模式，但半熟料栽培模式整体的应用范围和生产量因其风险性较大而逐年下降，即将由稳定的全熟料栽培模式完全取代。

一、香菇全熟料斜置地摆栽培模式

全熟料斜置地摆栽培模式，是一种生产成本较低的全熟料栽培方式，具有设施简单、保湿性强、温度低等特点。在辽宁地区，该模式既可以用于 5 月末至 10 月初出菇的夏菇生产，也可以用于 10 月末至翌年 5 月的冬菇生产。在冷棚设施降温条件较好的前提下，可以实现夏季正常出菇。

（一）栽培设施

目前香菇生产设施原则上需要进行"两区制"划分，即在香菇菌棒接种后分别在两个独立的区域进行管理，一个是菌棒培养区，用于菌丝生长阶段的发菌，另一个是出菇生产区，用于子实体萌发、生长和采收等管理阶段的出菇。棚室构造和附属设施设备因发菌和出菇管理的不同温度、湿度、光照和通风需求存在较大差异，两个区域独立运行，不能混用、互不干扰。

1. **发菌棚**　基本要求为具有保持恒温、保湿、避光和充足的通风排气能力，最好为具备加温功能的暖棚。棚室整体规格为长60～130米、宽8～12米，高度不小于4.5米，充足的内部空间有助于保持内部温度的恒定，也利于通过内部空气流通提高棚内各位置温度的统一。棚外遮盖物既需要良好的遮光性保证发菌前中期的避光要求，又要方便收卷满足转色期棚内散射光需求。通风设施需要满足顶部排除热气、底部排除二氧化碳等废气，以及保证空气流通的需求。发菌棚在使用前以及菌棒移出后应及时杀菌消毒。

2. **出菇棚**　基本要求为具有遮光、控温、通风、喷淋、保湿等能力，辽宁地区作为重要的夏菇产区，具备降温能力是出菇棚的首要条件。一般棚室整体规格长度应控制在50～80米，宽度8～10米，高度3.5～4米。相对长度控制在50米以下的棚室通过通风不仅可以快速降低棚内湿度，同时也可以快速降低棚内温度，搭配喷淋等措施可以有效拉大温差为出菇创造有利条件。近年来双层棚或二层遮阳网、水帘、棚外喷淋等降温设施设备的应用进一步提高了出菇棚的快速降温能力，有助于夏季高温时段内香菇菌棒的正常出菇。通风需要兼顾顶部排除热气和底部排除二氧化碳的功能。夏菇生产用出菇棚通常情况下不需要额外的增温设备，但需要一定的保温措施，保障秋末低温时仍可以正常出菇。对于冬菇生产地区，出菇棚更多需要的是保温能力，棚室规格可以延长至100～130米，且具备一定的加温及通风能力。冬菇和夏菇生产的需求存在较大差异，因此二者的出菇棚并不适合混用。

（二）栽培品种

近5年来，辽宁地区香菇生产所用品种集中于短菌龄品种0912和长菌龄品种L808两大主流品种及其衍生品种。

0912的菌龄为90天，表现为大叶菇型，菇形圆正，柄短叶厚，质地坚实，鳞片少，浅棕色，出菇整齐，产量高，出菇7～8

潮，优质菇率高。该品种在辽宁地区的应用过程中，菌丝成熟后转色前如遇温差或震动，通常极易暴发性出菇，因此实际生产中可以在菌丝成熟后转色前进行脱袋出菇，但必须在第一潮菇采收后完成菌棒的转色。

L808 的菌龄 120 天以上，有效积温需要 2 600～2 800℃。L808 为耗氧量较大品种，菌丝生长和出菇阶段均需要充足的氧气，菌丝生长前期和中期，二氧化碳浓度过高会阻碍菌丝生长，影响菌棒的成熟时间，延长菌龄，后期适当的二氧化碳浓度有利于诱发菇蕾的形成。菌棒培养阶段不需要光线，以遮光培养为宜，菌丝生长后期则需要适当光照，促进菌丝的成熟和向出菇方向转化。

（三）菌棒制作

1. **原料选择**　代料栽培主要原料为木屑、麦麸和石膏。其中辽宁地区香菇生产选择硬杂木屑，辽东、辽北地区通常优先选择使用柞蚕养殖区轮伐柞木枝条作为木屑来源。原料木在使用前最好露天放置 1 年左右，使用前进行人工粉碎制作新鲜木屑。木屑颗粒规格长宽均为 0.8～1.2 厘米，厚度 0.5 厘米左右。麦麸要求选择新鲜、无霉变、无杂质、颜色发暗、有面粉味和甜味的大片麦麸。香菇生产中，石膏可以增强香菇菌丝的木质素酶和纤维素酶活性，也可以作为培养料的 pH 缓冲剂，根据《食品添加剂　硫酸钙》（GB 1892—2007）要求，菌棒中添加的石膏质量要求为：硫酸钙含量（$CaSO_4$）>95.0%，重金属含量（以 Pb 计）<0.001%，砷含量<0.000 2%，氟化物含量（以 F 计）<0.005%。

2. **栽培配方**　通用配方（干料比）为木屑 79%、麦麸 20%、石膏 1%，含水量一般为 55%～58%，一般而言含水量较低菌棒初期菌种萌发较快，发菌中后期对于高温的耐受性相对较好一些，但发菌后期（刺孔后）菌棒失水率较高，长菌龄品种在第一潮菇出菇前可能需要补水；含水量较高（甚至达到 65%）菌棒初期菌种萌发较慢，发菌中后期如果管理不善，高温与高湿结合，菌棒病害发生率较高，容易烂棒，但控制好发菌温度的情况下，第一潮菇出菇时有足够的水分，出菇效果较好。

3. **拌料**　采用二次拌料方法，第一次拌料木屑需要提前 8～12 小时预湿，保证木屑浸润水分，第二次拌料将配比的麦麸、石膏加入木屑，充分混匀，再补足水分，搅拌均匀。辽宁地区夏菇的实际生产中，由于是在 10 月中下旬至翌年 1 月上旬制作菌棒，因天气原因难以在户外寒冷天气下实现大批量木屑 8～12 小时预湿，因此通常选择木屑预湿后直接加入麦麸、石膏和水充分搅拌均匀，以手用力握培养料、指缝有水渍溢出但不下滴，松开后料团散开即可。拌料后，基质不能过夜，直接进行装袋。机械拌料 2 次，先混合干料，再加水湿拌。

4. **菌棒制作**　辽宁地区香菇代料栽培菌棒制作一般使用折角袋，材质一般有 3 种，其一为聚丙烯塑料袋，可承受 128℃ 高温，适用于高压灭菌生产，部分定制塑料袋可承受 2 兆帕压力（133℃），适用于超高压灭菌工艺；其二为高密度聚乙烯菌袋，用于不高于 103℃ 的常压灭菌生产；最后一种是低密度聚乙烯菌袋，可用于不高于 125℃ 的高压灭菌生产。

菌棒规格以折角袋大小不同划分，通常有 3 种，其一为 15 厘米×55 厘米，可装料 1.9～2.1 千克；其二为 16 厘米×58 厘米，可装料 2.4～2.6 千克；其三为 17 厘米×58 厘米，可装料 2.7～2.8 千克。地摆栽培模式菌棒制作时通常不使用保水膜。

菌棒制作采用机械化、流水线作业，由自动拌料、运料槽、装袋机、封口机、传送带等组成，装料要求紧实不松散，封口紧密，菌棒表面无破损和刺孔，堆垛摆放时注意磨损。菌棒制作后及时灭菌，切忌过夜。

5. **灭菌**　灭菌方式的选择需要注意菌袋材质是否满足灭菌压力和温度的要求。

(1) 常压灭菌　注意菌棒在灭菌灶内堆垛摆放时留有足够的空气流通空间，在灭菌前期注意及时排出灶内冷空气，快速升温到达 100℃ 后保持温度 20～24 小时，停止加温焖锅 10～12 小时。

(2) 高压灭菌　灭菌锅升温排除内部冷空气后，快速升温至

122~124℃，保持温度和压力稳定 2 小时左右，停止加温冷却至 70℃，菌棒出锅移至冷却室自然冷却。

6. **冷却** 冷却场地必须在使用前 24 小时进行清扫和消毒处理。冷却 24~48 小时后，料温降到 30℃以下，用手摸无热感时即可接种。

7. **接种** 人工接种一般选择在发菌棚中搭建简易接种帐或直接在棚内开放式接种，接种前做好空间消毒，菌棒冷却至 25℃，接种人员穿戴工作服、手套、口罩、帽子等装备，做好人员、装备和接种工具消毒工作。接种一般由 3~5 人组成的小组完成，首先，进行菌棒表面的消毒；其次，开接种孔，孔径 2~2.5 厘米，孔深 2.5 厘米左右，一般在菌棒一面等距开 4 个孔，两边的接种孔要尽量靠近菌棒两端，也有部分地区选择对向双面开孔，一面等距 2 孔，一面等距 3 孔，交错分布；再次，进行接种，接种时取直径 3 厘米左右菌种块，将其填满接种孔，要求按紧、按实，完全封闭接种孔，不留空隙，不露培养料，菌种块与菌棒齐平或微凸起；最后，封闭菌棒接种孔，可以选择套外套袋、胶带封口或菌棒接种孔朝上整体排列堆垛后铺设塑料薄膜覆盖等不同方式。接种过程中，时刻注意接种空间、人员和工具的消毒管理。

（四）菌棒培养

1. **菌棒码放** 接种后的菌棒直接在发菌棚内进行菌丝培养。根据接种孔封闭方式不同，选择不同菌棒摆放堆垛方式，可以选择将菌棒接种点朝上，每摆放一层用塑料薄膜（地膜）覆盖，叠高 8~10 层；也可以采用将菌棒按"井"字形纵横排列，每层 4 棒，接种点斜向上避免挤压，堆放高度同样为 8~10 层；发菌棚内菌棒堆垛横行排布，每行间距 10 厘米，每 4~5 行设置一个不小于 40 厘米宽的作业道，增加通风量。

2. **发菌初期** 接种后 1~6 天，发菌棚内温度可适当调高，控制在 22~28℃恒温培养，保证菌棒堆垛内温度（或菌棒内温度）控制在 20~25℃，最好不低于 25℃；空气相对湿度控制在 55％~

65％，不能高于70％；菌种萌发后（接种后7～10天），由于菌丝生理活动增加，菌棒内部温度开始上升，菌棒堆垛开始逐步自主升温，这时需要将菌棚空间温度控制在20～25℃；接种15天后，菌丝进入旺盛生长期，生长速度加快，同时产生大量生物热能，菌棒内温度逐渐高于环境温度，此时需要控制空间温度在18～24℃，帮助菌棒内温度保持在25℃左右。发菌期间通过通风保持棚内空气清新，结合恒温培养要求，外界气温高时，早、晚通风，外界气温低时在中午通风，菌棒温度过高时及时通风，通风时避免直吹菌棒，也需要注意避免因通风导致棚内不同区域温度差异过大。发菌期需暗光培养，尤其通风时注意通风口的避光处理。

3. **刺孔管理**　正常情况下，当接种后20天左右，接种孔处完全长满菌丝，且菌落直径达到6～8厘米时，可以去掉接种块处的封闭措施或脱掉外套袋，并进行第一次刺孔增氧，刺孔要求细、浅，必须采用手工刺孔方式，刺孔位置在菌圈外缘内侧1厘米左右，每个接种穴周围刺4～6个孔，刺孔深度不超过1厘米，避免暴露未着生菌丝的栽培料而造成污染。不同接种点菌丝生长圈相连接后，菌丝基本长满菌棒1/3或一半时，可以进行第二次手工刺孔通氧，刺孔位置也是沿菌丝生长前缘以内1厘米位置，切忌刺穿未着生菌丝的栽培料，刺孔数目20～30个，孔深2～2.5厘米。当菌丝长满菌棒时，短菌龄品种进行第三次刺孔，可以采用机械周身刺孔，刺孔数40～60个。刺孔数量需灵活掌握，根据不同品种、料松紧、棒轻重及培养场所的环境条件而定。偏湿偏紧菌棒多刺孔，刺深孔，偏干偏松的菌棒少刺孔。3次刺孔后，菌棒温度升高，注意疏散和通风，严防"烧菌"，倒垛时可以按△形，每层3个摆放或"井"字形每层两个摆放，增强空气流通。长菌龄品种菌棒表面菌丝扭结"鼓包"时可进行第三次刺孔，操作相似，刺孔可深至菌棒中心，排出菌棒内部废气。

刺孔增氧的注意事项：刺孔时要求棚内温度在18～22℃，最高不能超过24℃，同时关注天气预报，在高温天气来临前最好不要刺孔；菌棒堆放密度较高的发菌棚，在必要时可以分批刺孔，避免大量菌棒通氧后菌丝快速生长，集中释放大量生物热；刺孔后密切监控发菌棚内温度，可以适当降低室温，缓冲通氧后菌棒释放大量生物热能而产生的高温。刺孔前需要检查菌棒发菌和杂菌感染情况，挑出污染菌棒单独处理，避免刺孔针混用导致交叉感染。刺孔人员、工具和器械事先必须消毒，对于污染较多发菌棚，还需要进行适度的空气消毒，避免刺孔后杂菌污染。

结合刺孔可以进行菌棒倒垛管理。首次刺孔后，将原本摆放紧密的菌棒按△形或"井"字形摆放堆垛，每层3个菌棒，接种点朝向斜上方避免积压，堆垛间距可以适当加大，增加空气流通空间。倒垛时将原本下层菌棒转移到上层，并且将发菌棚中间位置菌棒转移到两端，特别注意将发菌迟缓的菌棒移至通风较好的位置，促进棚内菌棒均衡发育。刺孔倒垛时挑出的污染菌棒置于低温通风处（可集中于一个通风较好的大棚或大棚门口位置）恢复菌丝生长。

近年来，随着菌棒集中制作和发菌管理成为主流，人工费用激增，为降低成本，菌包生产企业或合作社通常在发菌期减少刺孔倒垛次数。尤其对于0912等短菌龄品种，菌丝成熟后，刺孔倒垛极易造成提前暴发性出菇。建议针对0912等品种选择在菌种萌发形成菌圈后和菌丝刚长满菌棒时进行两次刺孔，并结合刺孔进行倒垛，但注意操作过程中菌棒要轻拿轻放，机械刺孔应选择震动较小的器械，尤其在菌丝长满后更要避免不必要的震动。但是生产L808系列的长菌龄品种时，应增加刺孔和倒垛次数，增加菌棒通氧量，震动菌棒使菌丝断裂，刺激原基生成；发菌后期菌棒因倒垛与刺孔失水过多，可以在棚内采用雾化水进行补湿。

4. **转色管理** 香菇菌丝长满菌棒，表面突起瘤状物时，菌棒趋于成熟，在适宜温度、湿度、光照、通风条件下，进入转色管理。近年来，因辽宁地区主要采用短菌龄品种，因此多选择不脱袋转色法，要求适当增加通风量，并保持棚内900～1 100勒克斯的散射光，棚内温度保持在20～24℃。转色期可持续15～20天，其间菌丝吐水颜色由白逐渐加深至棕红色，红水吸收后，菌棒表皮颜色逐渐转至棕红色，菌棒表面瘤状物占整体的70%左右，触之有弹性。

转色期温度低于15℃或光照不足、湿度过低时，转色较浅甚至不转色，菌棒转色层较薄，抗病能力差，出菇品质较低；温度过高时（高于28℃），容易烧菌棒，大量吐红水并易形成过厚的深色菌皮，隔绝菌棒内外，造成缺氧，抑制后期出菇。

0912等短菌龄品种在转色期间尤其需要注意控制温差，避免提前出菇。可以在菌丝长满，达到九分成熟前，将菌棒移入出菇棚内排棒进行转色，也可以在"白棒"状态下先出"脱袋菇"，再于第一次潮间管理时强行转色。

相反，对于L808等长菌龄品种，在转色期完成后，菌丝实际上仍然没有达到生理成熟，必须经历一个转色后恒温避光培养的后熟过程，在这一过程中可以结合刺孔通氧和倒垛，促进菌丝成熟扭结，尤其是对于转色较重的菌棒必须进行刺孔通氧。对于生育期不明确的品种，需要随机挑选部分转色完成的菌棒，拉大温差进行催蕾管理，确定菌棒是否达到出菇成熟期。

（五）出菇管理

1. **脱袋与排场**　脱袋前，先将菌棒搬至出菇棚内"炼棒"2～3天，让菌棒适应菇棚小气候。然后，用消毒刀沿菌棒纵向刺破袋壁，剥去塑料袋。如天气不适宜，可先割开袋，隔2天后再脱袋。脱袋的菌棒以斜立式"人"字形摆放在用铁丝和木桩搭设的地面床架上，倾斜70°～80°，袋与袋间距5～8厘米，密度达25～30棒/米²。菌棒排放后温度保持22～25℃，3～4天后，菌棒表面布满绒毛白色菌丝，加大通风，促其绒毛倒伏。待菌棒变轻、有弹性、掰开菌棒香味浓郁时进行催蕾管理。

2. **催蕾**　催蕾时利用香菇变温结实的特性，人为拉大出菇棚的温差，刺激菌棒，诱发原基的形成。在白天闷棚达到20～25℃，夜间通风结合浇水降温到10～15℃，昼夜温差达到10℃以上，连续进行3～4天温差刺激。催蕾期间棚内空气相对湿度保持在80%～85%，并给予三分阳、七分阴的散射光。

对于 0912 等短菌龄品种，应注意轻拿轻放，减少出菇量，避免暴发性出菇，条件允许下采用疏蕾的方式，保存菌棒营养。而对于不易出菇的 L808 等长菌龄品种，由于发菌期过长，导致菌棒失水过多，可以在催蕾时少量注水，一方面补充菌棒水分提高菌丝活性，另一方面降低菌棒温度有助于拉大温差，刺激出菇。

3. **子实体生长期** 菇蕾产生后子实体生长的温度范围控制在 15～25℃，相对低温条件下子实体生长缓慢，菇质较厚、品质较好、优质菇率较高，而高温条件培养的子实体菌盖较薄，易开伞。幼菇生长阶段应该逐渐降低棚内空间湿度，以菌棒自身所含水分供应子实体生长。喷水次数和喷水量视气温而定，气温高时早晚喷空间水，特别注意在幼菇期避免大风直吹菌棒，导致菌棒表皮过干造成菇蕾死亡。原基形成后，若遇到高温或过于干燥的环境，不能分化和形成菇蕾，也容易造成菇蕾的枯萎和死亡。当菇蕾形成后，要注意水分和通气的管理，保证原基正常发育。菇蕾发育为正常子实体的速度，因菌棒内含水量、气温和湿度情况的不同而异。菌棒内含水量适中（60%），温度较高，空气相对湿度较大（85%～90%），菇蕾到子实体成熟只要 3～4 天；反之，往往要 7 天左右。香菇质量也因气温的高低和光线的强弱有所差异。高温，光线太弱，子实体菌肉薄，菇柄长，色泽浅，质量差；低温，光线适中，子实体菌肉厚，色泽较深，菇柄较短，质量较佳。

4. **采收** 香菇子实体长至七至八分成熟，需及时采收。如遇高温伏季，稍迟采摘，就会影响产品质量。采摘标准依据客商需求灵活掌握。一般以菇盖边缘有内卷、菌盖内菌膜破裂时采收为宜。采摘时用拇指和食指捏住菇柄的基部，左右旋转即可采下。注意香菇根部必须从菌棒上去除，否则影响下潮菇管理。

5. **潮间管理**（转潮管理） 每一潮香菇采收结束后，需要通过潮间管理促进菌丝的恢复，尤其上潮菇出菇较多或暴发性出菇的菌棒需要更好地进行恢复管理。停止空间喷水 3～5 天，降低菇棚内湿度，降低温差，温度控制在 20～25℃，最高不超过 28℃。尽可能保持棚内菌棒的恒温培养，促使菌丝恢复生长，积累养分。棚内湿度维持在 65％ 左右，菌棒表面过干时，可采用微喷或雾化补水，水温最好不要低于 20℃，避免菌棒及室温迅速降低；菌棒恢复期发菌棚的通风应根据棚内温湿度，以及棚外温度、风力等因素灵活掌握，以调整棚内温度和湿度恒定为目标，补水或浇水过后必须通风降低湿度后才可以闷棚，而高温时可以通过出菇棚上部通风来排除顶部热风，切忌高温高湿环境下进行闷棚。经过 7～10 天，当采摘过菇的部位开始发白，凹陷处菌丝逐渐长满，说明菌丝体基本恢复，同时白色菌丝完成转色，此时可以加大湿度，开始注水管理。目前，生产中常采用注水针人工计时注水、机械化注水和真空负压式注水等不同方式。注水量可根据菌棒出菇前原有重量和每潮次出菇量确定，一般控制在注水后菌棒恢复至菌棒原重的 90％，在生产中注水后可以掰开菌棒，观察横截面注水痕迹，形成直径 4～5 厘米水渍圈即可；注水量过大将导致菌棒内部处于缺氧状态，抑制菌丝生长，厌氧细菌的滋生容易导致烂棒现象发生；如果发生注水量过大问题，需要及时从菌棒侧面斜向扎透眼释放水分并增加氧气流通。使用注水针时需要注意根据菌棒大小选择合适长度的注水针，避免"针短棒长"或针插入不足，导致菌棒末端未能有效补水，同时也要注意插针位置应在菌棒横截面中心处，避免偏离过多或斜向刺穿。注水应选择在阴天或气温相对较低时进行，避免高温天气注水，高温高湿环境注水容易造成污染和病害发生。在注水的同时，将菌棒进行上下方向的颠倒，也可以根据之前出菇情况和菌棒状态，调整菌棒的位置。

从注水开始，可以进行下一潮菇的催蕾管理，需要保持棚内和菌棒的湿度，同时拉大温差。夜间凌晨后进行喷淋和通风，可有效降低温度。白天适当闷棚，但是需要避免高温高湿环境出现，必要时进行通风降温，白天高温时避免浇水。

（六）其他栽培注意事项

1. **喷水与地面处理** 斜置地摆栽培充分利用土壤的湿气，菌棒不容易过于干燥，但是子实体含水量相对偏大，影响销售分级和价格，因此在菇蕾期即可以停止浇水，尤其避免向菌棒直接喷淋，避免生产"黑面菇""水菇"。此外由于栽培模式的特殊性，雨季需要做好排水防涝准备，地面也应使用渗水性较好的沙质土壤或其他材料。

2. **疏蕾管理**　近年来香菇销售中不同等级销售价格差异很大，通常少量的优质菇所创造的价值要远高于大量的"菜菇"，因此在栽培中要更加重视出菇管理，提升产品的品质。而适当的疏蕾可以有效提高香菇的品质。在栽培生产过程中，按菌棒重量和营养情况，一般每个菌棒每潮菇留 15～18 个有效菇蕾即可，疏蕾原则遵循"拉大间距、互不干扰、去小留大、去畸存优"。

3. **通风注意事项**　在香菇栽培的任何阶段，避免通风口风量太大吹干菌棒表皮，增加出菇管理难度，影响香菇产量与质量。斜置地摆香菇模式可以在两端棚口设置距离地面 80～100 厘米高的挡风帘，侧面通风时可间隔掀起侧部塑料薄膜，但需要放下遮阳网，也可设置挡风围裙高 60～80 厘米，避免阳光折射和大风直吹。

4. **特殊转色管理**　对于 0912 等短菌龄品种，如果是发菌阶段没有完成转色而直接进行"白棒出菇"，在菌棒恢复后和注水之前必须完成转色。转色前期棚内需要保持较高的湿度（85%～90%），温度控制在 20～24℃，降低光照强度，促进菌棒表面菌丝的生长，如果出菇棚环境无法达标，可以在菌棒上覆盖塑料薄膜帮助保温保湿。当菌棒表面长满白色绒毛状气生菌丝时，需要增加氧气和散射光照射，并利用适当通风拉大菌棒表面的干湿差（避免直吹菌棒），促进转色。当转色开始时，加大通风量，结合通风可以向菌棒表面喷水，直至转色完成。菌棒整体转色完成后再进行注水催蕾。

二、香菇全熟料层架栽培模式

全熟料层架栽培模式是目前辽宁地区较为先进和成熟的香菇栽培技术，与较为传统的斜置地摆栽培模式相比，具有明显的空间优势，占地少、产能大，单位面积菌棒容纳量是地摆模式的 2～3 倍；

此外该模式对于出菇环境温度和湿度的控制能力好，有利于夏季出菇；同时，子实体含水量较低，品质较高，经济收益更好；出菇周期长，夏菇生产出菇期可以从 4 月延长至 10 月末，设施较好的大棚出菇期可以延至 11 月上中旬。因此该模式在辽宁地区应用占比逐年增加。

（一）栽培设施

在园区划分上，与斜置地摆香菇模式相同，都适于采用"两区制"布局。发菌棚结构和设施与地摆香菇生产无差异。

建造出菇棚要选择交通便利、近水源、周边无化工及畜牧等污染的环境。出菇棚长度一般设置为 25～35 米，高度为 3.5～4.5 米，多使用双层棚设计，内棚宽 8 米，外棚宽 9 米；内外棚间距 1 米；在外层棚覆遮阳网，内棚顶部及外部设置微喷管，温度高时采用喷水降温，降温幅度可达 3～4℃。

棚内出菇床架可采用钢管或铁丝线搭建，层数 6～7 层，出菇架宽 1.0 米（可同时放 2 个菌棒），支架纵向间距 1.2 米（可容纳 7～8 个菌棒），层间距 0.26～0.3 米，底层距地面 15～20 厘米；床架长度根据棚长度而定，菌架间留走道宽 1～1.2 米，便于人行走及注水、采收操作。棚内悬挂温度计、湿度计，以便随时观察温、湿度。一般 8 米宽出菇棚纵向容纳 3 排床架，也有部分地区习惯安排 4 排床架。

因层架栽培基础建设投入较大，成本较高，因此该模式配套设备较斜置地摆栽培更优良。

（二）栽培品种

全熟料层架栽培模式与斜置地摆栽培模式采用的香菇品种相同。

（三）菌棒制作

全熟料层架栽培模式生产菌棒时多套用厚度为 0.001 毫米的低压聚乙烯保水膜，可以锁住菌棒水分，减少水分散失。菌棒制作工艺与斜置地摆模式相同，但使用保水膜菌棒通常采用常压灭菌方式。

（四）菌棒培养

使用保水膜的菌棒在发菌阶段对于温度的敏感性更高，因此在密切监控菌棒温度的同时，需要适当降低空间温度，提供温度的缓冲空间。与无保水膜菌棒相比，保水膜菌棒培养的空间温度需要降低 $1\sim2℃$，尤其刺孔增氧后需要密切关注菌棒内部的温度，及时调整发菌棚的辅助增温或降温措施，一般采用通风降低温度的方法。

转色期温度应保持在 $18\sim24℃$。在 $25\sim30℃$ 的高温条件下，菌棒表层塑料膜和保水膜之间非常容易积累大量的"红水"，导致菌棒转色过重或烧棒，可以用消毒后的小刀在积水处划开菌棒表面塑料膜，手动排除积水，避免菌棒污染。

（五）出菇管理

1. **脱袋与排场**　当菌棒表面转为深褐色并有明显的瘤状突起时，应选择晴天、气温稳定在 $15\sim22℃$ 时进行脱袋；在脱袋前可让菌棒先适应出菇棚气候环境，"炼棒" $3\sim5$ 天，拉大温差，增大散射光照，使菌棒表面呈红棕色光泽，脱袋时注意只需脱掉菌棒外部的塑料袋，保留紧贴栽培料的保水膜。层架菌棒间距 $8\sim10$ 厘米。菌棒排场时，必须注意不同品种菌棒的成熟度和排场管理标准不同。

2. **催蕾与出菇管理**　催蕾时要灵活运用温差刺激、增湿、控光、闷棚等方法，促进菇蕾发生。白天出菇棚盖膜、傍晚掀膜通风，昼夜温差达 $6\sim10℃$ 为好；棚内光照三分阳、七分阴，通过拉动棚两侧塑料膜及外层遮阳网进行调节；开启喷雾设施，保持菌棒表面湿润；调节出菇棚温度至 $10\sim15℃$，空气相对湿度 $80\%\sim85\%$，同时进行干湿交替管理，刺激香菇原基的形成。伏季高温时采用向棚顶、四周喷水的措施降温增湿，催蕾 $3\sim7$ 天，菌棒原基逐渐发育成小菇蕾，每个菌棒留小菇蕾 $15\sim18$ 个，促使其发育成正常的子实体。现蕾后依靠菌棒内水分供给子实体生长，避免连续在棚内喷淋；香菇子实体发育期，棚内要求氧气充足，空气新鲜，若通风不良，会导致菌盖小而薄，容易形成畸形菇。采收时要注意轻采，避免破坏保水膜的完整性。

3. 潮间管理　每潮菇采收结束后停止喷水，使菌棒内菌丝处于恢复状态。光照强度以100～200勒克斯为宜；通风时间及时段要掌握好，防止菌棒表面因过度通风导致表皮菌丝过干受损甚至死亡，增加杂菌侵染的概率。在此阶段菌棒表面应保持一定的弹性，不能有干燥扎手的感觉。根据菌棒实际状态，可适当少量微喷雾保持菌棒表面的湿润。

4. 生产注意事项　采用层架栽培香菇的优势在于出菇环境温度、湿度、光照等环境因子易控制，优质菇率高。生产者以优质高效栽培为管理目标，最大限度提升产品收益。随着辽宁省各区域香菇主产区的出菇棚结构和附属设施的改造与完善，以及标准化栽培技术的规模化应用，层架香菇栽培模式极易实现伏季正常出菇，做到提质增效、转型升级。

5. 主要核心技术　层架香菇的伏季出菇模式的关键技术在于有效降低白天的高温与高湿，有条件的园区除可以使用水帘、水空调外，还可通过截短大棚长度，快速通风降温降湿；在夜间使用深层低温井水喷淋，人为拉大温差，促进子实体生长。

近年来，辽宁东部地区新建的大部分香菇层架出菇棚园区，建设棚长度在25～30米并辅助二层遮阳棚，伏季出菇温度维持在25～27℃，不仅实现伏季正常出菇，而且还提高了伏季出菇的优质菇率。

三、冷棚半熟料单柱立棒式栽培模式

冷棚半熟料单柱立棒式栽培技术是抚顺市新宾县在冷棚半熟料三柱联体栽培技术的基础上发展起来的一种新的半熟料香菇栽培模式，其具有发菌快、易操作、成本低、省人工、产量大等特点，具有显著的地方特色。

其特点是应用半熟料灭菌方式，开放式混拌菌种，装入30厘米×70厘米低压聚乙烯塑料袋内，是一种装袋排眼或塑料袋预先扎眼、间隔摆袋、加大通风量、低温发菌、浸水出菇的栽培模式。半熟料菌棒发菌特点是早春 8～20℃低温状态立即萌发，且菌丝多点萌发，通过菌丝萌发的爆发力阻止和掩盖杂菌，以 35～45 天菌丝长满菌棒的优势，提升菌棒发菌成功率。

（一）栽培周期

（1）10 月至 11 月下旬，新棚建设选地（以高岗和沙流地为好，避免选择水田和低洼地）、埋杆建棚；旧的塑料大棚地表土需要换土或清理，将棚顶上覆盖的保温毡或草帘及塑料膜同时撤掉。

（2）11 月下旬至翌年 1 月上旬，生产者购买原种制作栽培种。

（3）3 月 1—15 日，扣上塑料膜后，用绳固定好，底边埋牢固，让阳光烤干地面来提高棚温和地温。

（4）3 月 20 日至 4 月 20 日，棚内地温升到 5～8℃时，棚内杀菌消毒后进入香菇半熟料菌棒制作期，宜早不宜晚。

（5）4—5 月，菌棒进行培养管理。

（6）5 月至 6 月上旬，菌棒进行脱袋转色管理。

（7）6 月中旬至 11 月中旬，浸水、出菇、采收及转潮管理。

（二）栽培种的准备

品种以 0912 为主，培养好的栽培种需要进行活力检验。简易的检验方法是将菌种粉碎或掰小块，闻其香味是否浓郁，香味越浓越好。然后装入有扎孔的袋里，再放到 20～22℃条件下，观察菌丝萌发速度、密度和洁白度，确定添加的数量。

生产中采用菌种粉碎机，菌种随用随粉碎，呈颗粒状，不能挤压和伤热。

（三）菌棒制作及培养

1. 培养料配方

（1）阔叶木屑 80%、麦麸 8%、米糠 8%、玉米粉 3%、石膏 1%。

（2）阔叶木屑 79％、麦麸 20％、石膏 1％。

2. 拌料　按常规拌料，配料含水量 55％～58％。

3. 蒸料灭菌　采用蒸撒料顶大气上料法，哪冒气，料就往哪撒，加大底火，见气撒料，一气呵成，直到装满锅为止。封锅前将出锅装料用的小编织袋放进锅内培养料表面同蒸，起到消毒作用。封锅后，从灭菌锅上大气开始计时，保持 100～103℃，维持 3～3.5 小时。料蒸好后，应趁热出锅。用灭菌的小编织袋装料，一般 15 千克/袋，放在遮雨、避光、干净处自然冷却降温。温度达到 25℃ 以下时，及时拌入栽培种。

4. 拌种装袋　要求拌种地面和器械严格消毒。将预先粉碎好的菌种在拌种机内加入冷却的培养料。料种比约为 2∶1，在 35 千克料内拌入 15 千克粉碎好的菌种，充分拌匀后进行装袋。装袋时松紧适度，24 厘米×60 厘米的塑料袋装入混菌料 5～5.5 千克；如果装袋较松，后期必须要通过蹾袋处理。

5. 扎眼摆袋　地面铺好隔凉、隔杂菌、隔潮气的地膜。将装好的菌袋，先扎眼后竖立摆放，采用扎眼机将每袋扎 4～5 行眼，每行 9～10 个眼，扎眼越深越好，但不要扎透，一般深度为 7～8 厘米。如果装袋较松，需要先倒立将菌袋蹾实，然后再扎眼。也可以装料前在塑料袋上用电钻整摆钻眼，每行钻 20 个豆粒大小的孔，钻两行，塑料袋抻开形成 80 个眼，然后再装袋。

当棚内地温低于 5℃ 时，地面要垫好木板或捆成 10 厘米粗的玉米秆，菌袋平放，袋与袋之间距离为 8～10 厘米，层与层之间用玉米秆间隔开，呈"品"字形摆放，可摆 4～5 层；当棚内地温高于 5℃ 时，可直接竖放于地膜上。袋与袋间距为 5～6 厘米，避免摆放过密。在棚门要预留菌袋浸水池的位置。

6. 发菌管理　菌袋发菌时间为 35～45 天，发菌时间依据春季气温和人工调控棚温状态有所变化。

（1）前期管理　装袋 8～10 天，防冻、增温是此期技术的关键。将棚四周用塑料膜围上，提高棚内温度，使菌丝萌发并快速生长，抑制杂菌侵入。当料表面呈现雪花点状，菌种点菌丝萌动加快，自身新陈代谢释放的生物热逐渐增多，即进入中期管理。

（2）中后期管理　装袋 30～40 天，根据培养环境温度决定控温及通风换气，以提高氧气供给量，因此通风是这个时期的关键。料内中心点温度高于 25℃时，晚间无需放下四周塑料。发菌期间要进行倒袋、扎眼，同时拣出杂菌污染袋。接种 20 天以上，菌袋表面菌丝连成一体时，若发现培养料变成淡黄色或粉色时，进行第二次扎眼通氧排废。即在每个菌袋的第一次通风眼的空留处再扎 4～5 行眼，推荐机械扎眼，省工省力。同时，在菌棒顶部或袋四周表面采用直径 0.5～0.8 厘米、长 60 厘米的钢筋钎子纵向或斜向扎眼。通过掀起棚塑料膜帘和棚上喷水进行温度、湿度、光照、氧气的调节，控制棚内温度 8～20℃，菌棒内部温度 15～25℃。

7. 脱袋管理　发菌 40～50 天后，菌棒出现吐水、瘤状物占料面 1/3 时尽快脱袋。选择阴天或棚内早晚温度低于 20℃时进行脱袋。将菌袋用刀尖纵向划开，脱掉菌袋，将菌袋叠放于菌棒底部，竖放于地上，防止菌丝长到地上。摆放时疏密适当，坚持"宁少勿多"的原则，利于管理和出菇采收，宽 7 米的棚，摆放 12～14 列，3 个作业道，每道宽 0.8～1 米。边脱袋，边盖上塑料膜保温保湿。

脱袋 4～7 天后，菌棒表面菌丝洁白浓密。此时，温度为管控核心，防止脱袋后因生物热和环境温度过高产生烧料的现象，控制菌棒中心温度为 20～25℃，超过 26℃要及时降温，将地膜撤掉，让菌棒直接接触地面，往作业道、覆盖菌袋的塑料膜、菌棒、棚膜浇水降温。

8. 转色管理　脱袋 5～10 天，菌棒表面出现白色绒毛状气生菌丝，并有白色至红棕色水珠吐出时，要创造"干干湿湿"的环境促进菌棒快速转色。结合揭塑料膜通风让表面菌丝倒伏在菌棒料面，形成一层亮膜，盖塑料膜后湿度大且长出白色菌丝，经过菌丝反复倒伏 2～3 次形成棕红色菌皮即完成转色。

（四）出菇管理

当菌棒转色后，需人为拉大菇棚内昼夜温差，诱发原基的形成。菇蕾产生后喷水次数和喷水量视气温而定，气温高时早晚喷空间水，从小菇蕾到采收一般需要 3～4 天，气温低需要 7～8 天。原基形成后，若遇到高温或过于干燥的环境，不能分化和形成菇蕾，常致部分或大部分的菇蕾枯萎死亡。当菇蕾形成后，要注意水分和通气的管理，保证原基全部或大部分长成菇。菇蕾发育为正常子实体的速度，因菌棒内含水量、气温和湿度情况的不同而不同。菌棒内含水量适中（60%），温度较高，湿度较大（85%～90%），菇蕾到子实体成熟只要 3～4 天；反之，往往要 1 周左右。香菇质量也依气温的高低、光线的强弱有所差异。高温、光线太弱，子实体菌肉薄，菇柄长，色泽浅，质量差；低温、光线适中，子实体菌肉厚，色泽较深，菇柄较短，质量较佳。

当第一潮菇采收结束后，停止喷水 5～6 天，降低菇棚内湿度，使菌棒上菌丝恢复生长，积累养分。经过 1 周左右，当采摘的菇迹开始发白，凹陷处菌丝逐渐长满时，说明菌丝体基本恢复。此时可以将菌棒浸水进行补水，加大湿度，人为造成温、湿差，诱导第二潮菇蕾的发生。菌棒可出 7～9 潮菇，5.5 千克菌棒可产鲜香菇 2～2.2 千克。

（五）采收

香菇子实体形成后，必须严格掌握生长成熟状况，以便适时采收。太早采收影响产量，太迟采收影响质量。采收标准可根据商家收购商品的要求制定。气温高时每天早晚各采收 1 次，气温低时，每天可采收 1 次。保鲜菇采收标准：当香菇子实体长至五六分成熟时采收，即菌膜未破、菌褶未露出或刚刚露出时及时采收，入保鲜库，保证产品保鲜度。烘干品采收标准：可在子实体长至七八分成熟时采收，即菌膜已破、露出菌褶，菌盖铜锣边尚未完全展开、有少许内卷时采收，及时剪根烘晒。

第八章 PART EIGHT

河北香菇栽培技术

河北省是我国香菇主产区，香菇产业也是主产县域农民增收主导产业和乡村振兴的支柱产业。全省分布有三大主产区，一是以平泉为核心辐射周边的燕山冷凉地区高端香菇主产区，以双拱棚层架栽培模式为代表；二是以遵化为核心的低山丘陵地区菜菇主产区，以大棚密集立袋栽培模式为代表；三是以阜平为核心的太行山周年香菇主产区，以暖棚四季出菇栽培模式为代表，可以实现一年两季或两年三季栽培。

一、双拱棚层架栽培技术

双拱棚层架栽培是河北香菇主栽区最多采用的栽培形式，棚室可以实现简单的控温、控湿、控光，并能实现较好的通风条件。一般菌棒制作在冬季或初春，第二年春季开始出菇，入冬前结束。在气温相对较高的平原地区也有采用夏季制棒、秋冬季出菇的模式。

（一）栽培设施

1. **设备** 主要有木材粉碎机、装袋机、接种机、蒸汽炉、灭菌柜等。

2. **菌棒培养室** 菌棒培养室要弱光、通风、调温排湿性好。农户小规模分散式生产时，一般在出菇棚或专用的养菌棚内发菌。大规模生产则需要建造专门的发菌棚或发菌室。常规养菌棚跨度20～30米、高4～6米、长60～100米，中间设一行立柱，采用双膜加岩棉封养棚顶及周边。两侧各留 1.5 米左右底角可自由掀起放下，用于通风、调温，一般帐式半开放、全开放或箱式接种后可就地培养，低温季节可安装加温热风炉或土暖气。这种养菌棚养菌投入低、简单操作，可满足季节性生产的需要；但使用效率低，一年一般用 1～2 个周期，不适合高温季节使用，养菌周期较长。冬季制棒一般要求在有恒温条件的培养室进行，控温在 23～25℃，培养期间注意通风和控温，室内尽量避光。

3. **出菇棚**　标准双拱层架出菇棚采用南北走向，采用内外双拱结构，"O" 型钢建造，内无支撑。由内外两层拱架组成，内拱棚外覆薄膜，外拱架上覆盖遮阳网；外棚高 4.13 米、宽 9.4 米、长 40～60 米，外拱加盖遮阳网，夏季可调温，晚秋至早春往外加一层薄膜，用于保温；内棚高 3.3 米、宽 7.8 米、长 38～58 米，拱架上覆盖塑料膜保湿，早春或初冬可以加盖保温被控温。为了夏季调温，有的在内棚外顶端加装一条喷雾水带，用以降低棚内温度。棚内纵向搭建 4 排宽 1 米、高 1.8 米的出菇层架，内棚两端各装有风机水帘调温，菌棒存放量按 50 棒/米² 计算，45 米长大棚内可栽培 1.75 万袋菌棒。河北承德地区和保定地区采用上述棚室栽培。

（二）品种

栽培品种主要选用申友 T2、0912 等中短菌龄品种，庆科 212 等品种也可使用。这类品种总体菇柄短细，菌盖大、黄褐色，品相好，耐水耐湿，内销市场颇受欢迎。

(1) **申友 T2**　菌龄 90～120 天，出菇温度 10～28℃。菌盖颜色白，菇体大，一般直径可达 7 厘米以上。该品种代谢旺盛，易出现软棒现象，管理难点在于菇体对温度较敏感，温度不合适容易出现假菇或菇体畸形。

(2) **0912**　菌龄 90 天，积温在 1 800℃ 左右，出菇温度 8～25℃，产量高，容易管理，温度适应范围宽，菇质较硬，也可以出花菇；该品种缺点是容易在菌袋内出菇，且第一潮容易暴出，栽培后期经常出现一定比例的不圆整菇，子实体菌盖容易出现缺刻。出菇时间为 3 月中下旬至 11 月下旬。

（三）培养料

河北地区不是柞木主产区，但却是果树主产区，因此柞木材料需要从外省调运，占比 40% 左右的苹果木屑、梨木木屑可以就地解决。对于砍伐下来的木材可以存放较长时间，但已经加工成木屑的原料一般存放时间不超过 6 个月，否则会影响香菇产量。添加的辅料主要是麦麸，河北香菇主产区也是小麦的主产区，麦麸资源丰富，质量好且新鲜可靠。有的地区还在配料中添加不超过 3% 的玉米粉或 1% 的蔗糖。

（四）菌棒制作

1. **培养料配方** 配方 1：柞木屑 78%，麦麸 20%，石膏 2%；配方 2：柞木屑 43%，果木（以苹果木、梨木、柿木为主）及其他硬杂木木屑 35%，麦麸 20%，石膏 2%。

2. **原料预湿** 预湿的主要目的是促使木屑软化，提高木屑的吸水性能，并同时将木屑中的毛刺软化，防止刺破塑料袋，同时去除木屑中阻止香菇菌丝生长的多元酚和树脂等有害物质。预湿时间冬季为 7~10 天，夏季一般为 2~3 天。

3. **搅拌** 搅拌的目的是让原料充分混合并吸足水分，生产上香菇栽培料的含水量一般控制在 53%~57%。由于原料的干湿程度不同，软硬粗细不同，配料时的料水比例也不相同。本栽培方式制棒时间为 11 月初至 2 月中旬，气温较低，控制含水量在 55% 左右。

4. **装袋** 通常使用卧式装袋机，层架式栽培模式的菌棒一般要加一层保水膜，以减少栽培过程中水分的散失。采用高压灭菌的在装袋时为了不使料袋在灭菌时因为气体受热膨胀造成塑料袋变形甚至破裂，装袋时在袋的一端预留一个无纺布透气口。

5. **灭菌**

（1）**常压灭菌** 冬季制棒多采用灭菌仓灭菌，即在一个保温密封的房间灭菌。为了达到保温效果，灭菌仓地面和墙面均要做好保温处理，排水口在仓底中心，配合使用灭菌小车或灭菌筐。灭菌时要做到"攻头、保尾、控中间"。"攻头"是指在尽可能短的时间内，使锅内温度在 2～4 小时上升至 100℃，并开始计时；"保尾"是指灭菌结束前，加大火力，使温度升至 100℃ 或更高；"控中间"是指控制锅内的温度不掉温，尽量维持温度在 100℃ 以上。整个常压灭菌送蒸汽过程为 12～14 小时。常压灭菌结束后，还要有 6 小时以上的闷锅时间，使培养料有一个进一步软化、熟化的过程。

（2）**高压灭菌**　高压灭菌锅有矩形和圆形两种。应根据每日生产的计划数量，选择高压灭菌锅的类型和容积。灭菌时，多采用专用的灭菌小车或灭菌筐。大型食用菌企业为了保证灭菌彻底多选择双开门抽真空高压灭菌锅。灭菌先期要排净锅内的冷空气，随后缓慢升压，温度升至 100℃ 后，维持 30～60 分钟（根据锅体的体积决定），迫使菌棒内的冷空气受热膨胀逐渐通过容器内外气体交换排出来，随后再上升至 118℃，稳定 7～8 小时（有保水膜的菌棒灭菌温度不宜超过 118℃）。灭菌结束后，关闭排气阀，自然冷却到 90℃ 以下再开门。

6. **冷却**　灭菌结束后不要急于打开锅门，以防涨包和外界冷空气被倒吸入包，此时，若外界空气不洁净，会直接导致"倒吸"污染。

通常采取延长锅内冷却时间的方法，来使灭菌锅内相对封闭和高温的环境减缓空气的倒吸速度，减少空气倒吸对培养料的污染，待锅内温度降至 80℃ 以下后再出锅，常压灭菌一般采用这种方法冷却。强制冷却是将菌棒直接推入强制冷却室内，先通过空气高效过滤器进行风过滤，而后使用制冷机组强制冷却，使菌棒内吸入的空气为经过过滤的空气，以减少污染，这是高压灭菌后在洁净车间接种前的必要步骤。高压灭菌锅配合洁净车间，灭菌后通过灭菌锅缓冲道排出大量蒸汽、通过一冷间（过滤风冷却）将菌棒温度降到 35℃、通过二冷间（依靠制冷机组及风机盘管，强制降温冷却）将菌棒温度降到 25℃。不具备洁净车间的，出锅后菌棒要放到待接种区冷却，并提前做好熏蒸消毒工作。

7. 接种 根据具体设备设施条件，接种方式可分为以下 3 种：

(1) 接种箱接种 因箱体空间小、密封好、消毒彻底，因此接种成功率往往要高于接种室。一般采用双人接种箱，由两个人共同操作，一个人负责打穴和贴胶粘纸封穴口或套外套袋，另一个人将菌种按无菌程序转接于穴中。

(2) 接种帐接种 香菇菌棒采用侧面打穴接种，需要几个人同时操作，在接种室和塑料接种帐中操作比较方便。具体做法是：先将接种室进行空间消毒，然后把刚出锅的菌棒运到接种室内垒成墙，再把接种用的菌种、胶纸、打孔用的直径 1.5～2 厘米的圆锥形木棒、75%酒精棉球和棉纱、接种工具等准备齐全。关好各通气口，一般提前一天熏蒸。接种当天，接种人员迅速进入接种室外间，穿戴好工作服，向空间喷 75%的酒精（注意不能有明火）消毒后再进入接种室。接种要严格按无菌操作进行，大多采用菌棒单侧 4 穴接法。每 4 人一组，第一人先将打穴用的木棒的圆锥形尖头放入盛有 75%酒精的烧杯中，酒精要浸没木棒尖头 2 厘米，一手用 75%的酒精棉纱擦抹料袋朝上的侧面以消毒，一手用木棒在消毒后的料袋侧面打穴；第二人双手用酒精棉球消毒后，直接用手把菌种掰成小枣般大小的菌种块迅速填入穴中，菌种要把接种穴填满，并略高于穴口；第三人则用胶纸把接种后的穴封严（也有的不封穴口，直接在栽培袋外面再套一个非常薄的外套袋）；第四人把接种好的菌棒搬到另一边码好，如果采用不封穴的接种方式，则每码好一层接种好的菌棒，在上面覆盖一层新的地膜。接种帐开放式接种工作效率高，但污染率也较高，要注意随时消毒。

(3) 无菌洁净车间接种 净化间包括操作人员进出净化区、菌种培养与预处理区、流水线接种区 3 区。操作人员进出区的系统流程为：更鞋（一更），更衣（二更），洗手，再通过风淋间进入净化间接种。接种区空气是经过高效空气净化层流罩（FFU）过滤的，对于 0.3 微米的颗粒过滤有效率高达 99.99%。

香菇固体菌种在接种前进行菌种预处理，在无菌环境下去除外袋，挖去菌种包内 0.5 厘米厚的表层老菌丝，将菌种放入接种流水线，人工接种或接种机自动接种。接种后的菌棒移出接种间后，经人工或机械搬到培养架上培养。

每天接种结束后要保留充足的时间做好净化间的清洁卫生，净化间 365 天 24 小时都要维持正压，与室外至少要有 10～15 帕的气压差，防止室外气体倒流进入净化间。设置夜间自动开启臭氧发生机，每次 1 小时，使臭氧与净化间空气内循环进行消毒。

（五）菌棒培养

1. 发菌管理 菌棒可在室内（温室）、荫棚里发菌。整个发菌期可人为划分成 5 个阶段：萌发吃料、菌菇直径 5 厘米以上（倒垛检杂）、碰圈（双层袋开始脱袋透气）、快速生长期、满袋期（微孔透气促进生理成熟）。

在菌棒进棚发菌前要对发菌棚进行消毒杀菌、灭虫，地面撒石灰。刚接完种的菌棒，每 4 袋一层呈"井"字形垒成排，接种穴朝侧面排放。每排垒几层要看温度的高低而定，温度高可少垒几层。排与排之间要留有走道，便于通风降温和检查。控制温度在 25℃以下。开始的 7～10 天处于萌发期，此时不要翻动菌棒，第 13 至 15 天进行第一次倒垛检杂，这时每个接种穴的菌丝体呈放射状生长，待菌丝生长至菌落直径在 8～10 厘米时生长加速，呼吸强度加大，要注意通气和降温。这时要通一次小氧，在倒垛的同时，用直径 1 毫米的钢针在每个接种点菌丝体生长部位扎微孔 3～4 个；或者将封接种穴的胶纸揭开半边（套外袋的要去掉外套袋），留出孔隙通气。注意加强通风降温。菌棒培养到 30 天左右再倒垛一次，同时，用钢丝针在离菌丝生长的前沿 2 厘米处扎第二次微孔，每个接种点扎 4～5 个微孔，孔深约 2 厘米。菌棒一般要培养 45～60 天菌丝才能长满袋。这时还要继续培养，待菌棒内壁四周菌丝体出现膨胀，有皱褶和隆起的瘤状物，且逐渐增加至占整个袋面的 2/3，手捏袋内的瘤状物有弹性松软感，接种穴周围稍微出现棕褐色时，再透一次大氧，透大氧一般用透氧机，在长满菌丝的菌棒上均匀打

40～60个孔，以利于氧气的进入和菌丝的快速生长，然后就可以开始转色管理。

2. 转色管理 转色指香菇菌丝生长发育进入生理成熟期，表面白色菌丝在一定条件下，逐渐变成棕褐色的一层菌膜的过程。转色深浅和菌膜薄厚，直接影响到香菇原基的发生和发育，对香菇产量和质量的高低影响很大，是香菇出菇管理最重要的环节。河北省现在香菇转色几乎全部采用不脱袋转色的操作方式。不脱袋转色就是直接控制温度和光照，增加光照强度在500勒克斯以上，使菌丝直接在袋内实现转色，待转色后脱袋出菇。转色受菌龄、积温和温度限制，最适温度在20～23℃，当菌棒表面转色达到2/3以上，袋内有瘤状凸起物和黄色代谢水。菌棒手感较松软有弹性时，说明菌丝已达生理成熟，此时可转入出菇管理。

以0912品种为代表的部分短菌龄品种，为防止菌棒转色后出现暴发性出菇问题，一些地区采用了不转色直接出菇方式，菌棒边出菇边转色，出完第一潮菇后，菌棒也完成了转色。

（六）出菇管理

1. 催蕾 一定的温差、散射光和新鲜的空气有利于香菇子实体的分化。出菇温度最好控制在10～22℃，昼夜之间能有5～10℃的温差。空气相对湿度维持在90%左右。3～4天菌棒表面褐色的菌膜就会出现白色的裂纹，不久就会长出菇蕾。此期要防止空间湿度过低或菌棒缺水，以免影响原基的形成。

2. 子实体生长发育期的管理 菇蕾形成以后进入生长发育期。不同温度类型的香菇菌株子实体生长发育的温度是不同的，多数菌株在8～25℃的温度范围内子实体都能生长发育，最适温度在15～20℃。要求空气相对湿度为85%～90%。随着子实体不断长大，呼吸加强，二氧化碳积累加快，要加强棚内通风，保持空气清新，还要有一定的散射光。

夏季制棒的香菇出菇始期在秋季。北方秋季秋高气爽，气候干燥，温度变化大，菌棒刚开始出菇，水分充足，营养丰富，菌丝健壮，管理的重点是控温保湿。早秋气温高，出菇温室要加盖遮阳物，并通风和喷水降温；晚秋气温低时，白天要增加光照升温，如果光线强影响出菇，可在大棚内半空中挂遮阳网，晚上加保温帘。空气相对湿度低时，喷水措施主要为向墙上和空间喷雾，增加空气相对湿度。

3. **转潮管理** 整个一潮菇全部采收完后，要大通风一次，晴天气候干燥时，可通风 2 小时；阴天或者湿度大时可延长通风时间到 4 小时，使菌棒表面干燥，然后停止喷水 5～7 天，让菌丝充分复壮生长，待采菇留下的凹点菌丝发白，之后即进入转潮期管理，这期间一般从上次采收到下次出菇需要 15～20 天时间，目的是让菌丝富集营养，为下次出菇做准备，其间注意菌棒含水量要控制在 40%～50%，在下次出菇前要给菌棒补水，补至含水量为 55%～60%，补水目的一是为下次出菇创造条件，二是造成温差刺激催出菇蕾。补水用补水器或注水机，补水后，将菌棒重新排放在畦里，重复前面的催蕾出菇的管理方法，准备出第二潮菇。第二潮菇采收后，还是停水、补水，重复前面的管理，一般出 4 潮菇。有时拌料水分偏大，出菇时的温度、湿度适宜，菌棒出第一潮菇时，水分损失不大，可以不用注水法补水，而是在第一潮菇采收完，停水 5～7 天，待菌丝恢复生长后，直接向菌棒喷一次大水，让菌棒自然吸收，增加含水量，然后再重复前面的催蕾出菇管理，当第二潮菇采收后，再补水，补水量可适当增加。以后每采收一潮菇，就补一次水。

4. **初冬和春末管理** 北方的初冬和春末气温低，子实体生长慢，产量低，但菇肉厚，品质好。这个季节管理的重点是保温增温，白天增加光照，夜间加盖草帘，有条件的可生火加温，中午通风，尽量保持温室内的气温在 7℃以上。可向空间、墙面喷水调节湿度，少往菌棒上直接喷水。如果温度低不能出菇，就把温室的空气相对湿度控制在 70%～75%，养菌保菌越冬。春季的气候干燥、多风。这时的菌棒经过秋冬的出菇，菌棒失水多，水分不足，菌丝生长也没有秋季旺盛，管理的重点是给菌棒补水，并经常向墙面和空间喷水，空气相对湿度保持在 $85\%\sim90\%$。早春要注意保温增温，通风要适当，可在喷水后进行通风，要控制通风时间，不要造成温度、湿度下降。

5. 出菇管理要点

(1) 干湿度控制 在催蕾期及幼菇期湿度要大，为 $50\%\sim70\%$，过分干燥会造成菇蕾生长缓慢甚至干枯，影响产量；在菇蕾长至直径 $1\sim2$ 厘米时降低湿度，创造干湿差，增加菇面白度，促使花菇形成，提高优质菇率。

(2) 棚室通风 保证棚内空气新鲜，为香菇生长提供充足的氧气；根据棚室内的温度调节通风状态，幼菇期不可大量通风，以免小菇蕾死亡。

(3) 疏蕾 菌棒采取单面出菇，每棒留 $8\sim12$ 朵菇形好、分布均匀的菇蕾，让每个菇蕾能够有足够的培养基供给水分、养分，培养出菇质硬、肉厚、产量高的优质菇。

(4) 催花管理 若要出花菇，需保持菇棚内温度 $8\sim22℃$，提高昼夜温差 $8\sim10℃$，调节空气相对湿度为 $40\%\sim70\%$。菇蕾长至直径 3 厘米时适当加大通风，降低湿度，提高棚内散射光，使菇面逐渐变成灰白色，创造干湿差，促使花菇形成，提高香菇等级。

（七）采收

1. 采收
把握采收时机，确保香菇产品质量。香菇的最佳采摘时机应根据香菇的生长状态确定，在香菇菌盖不开膜或微开膜时采摘最好。采摘后进行分级，也可直接分级采摘，减少再次分级破坏香菇的外观。

2. 香菇分级
根据外观形态和水分含量，鲜香菇可分成 4 个等级：花菇、白光面菇、小菇和水菇。

(1) 花菇 花菇是极品香菇，菇面出现龟裂，含水量低，肉质细腻，品质佳，价格高。菌盖有明显花纹、直径为 $4.5\sim7.5$ 厘米、圆整度完好、有弹性、褐色偏白、较干燥、不开伞、不畸形、柄短，此等级产品口感脆、硬度较强，适宜出口及内销高端市场。

（2）**白光面菇**　菌盖直径为 4.5～7 厘米、圆整度完好、有弹性，褐色，较干燥，不开伞，不畸形，柄短。货架期长，市场畅销、菇价较高。

（3）**小菇**　菌盖直径为 2.5～4 厘米、圆整度完好、有弹性，褐色，较干燥，不开伞，不畸形，柄短，适宜出口欧美国家。

（4）**水菇**　水菇是指在出菇阶段人为喷水加湿，导致水分偏高、菇帽发黑的香菇产品，这种菇货架期短，没有菇的原味，质量差，市场不认可，应认真对待杜绝出此类菇。

也可以简单分为 3 个等级，一等菇优质菇（花菇、光面菇）：菌盖直径 4.5 厘米以上，不开伞；二等菇：菌盖直径 3～4.5 厘米，不开伞；三等菇：其他菇。

二、大棚密集立袋栽培技术

大棚密集立袋栽培有两种方式，一是越夏秋季冷棚栽培的秋菇，菌棒制作在夏季，秋季出菇，棚室简单，不具备保温效果；二是越冬冬季暖棚栽培的冬菇，冬季制棒，春季出菇，棚室设有保温被保温。两种栽培方式只是栽培棚室要求不同、栽培季节不同。该栽培模式的特点是立袋出菇和密集栽培，栽培时菌棒之间几乎不留空隙，对菇体的质量要求不高，注重产量。

（一）栽培设施

1. **设备**　主要有木材粉碎机、装袋机、接种机、蒸汽炉、灭菌柜等。

2. **菌棒培养室**　菌棒培养室要弱光、通风、调温排湿性好。这种栽培方式主要以农户小规模分散式生产为主，一般在出菇棚内发菌。发菌成本低，夏季和早秋制棒，晚秋直到翌年春季出菇。培养期间注意通风和控温，室内尽量避光。

3. **出菇棚**　标准棚室大小 70 米×13 米，每棚面积约 900 米²，每棚可容菌棒 3 万个，出菇畦床宽度控制在 1.5 米以内，纵向拉 7

趟 12 号铅丝做靠线，靠线间距 25 厘米，每两米设一支架，高度距地面 20 厘米，培养好的栽培菌棒每 2 米斜立摆放 14 个菌棒，棒间只有 2～3 厘米空隙，真正实现密集栽培。冬菇棚采用东西走向，暖棚结构，后墙采用砖混结构或土墙，棚上覆盖一层塑料膜和一层保温被。秋菇棚一般也是东西走向，南北双面拱架结构，一般棚上仅覆盖两层遮阳网，春末和初冬气温低时，可以把一层遮阳网换成塑料膜增加透光性和保温性。

（二）品种

该模式对品种的要求比较简单，高产稳产品种最受欢迎，近几年主要栽培品种为 0912、申友 T2 和 L808 等。

（三）培养料

这种栽培模式的主要特点是高产稳产，对香菇品质要求不高，因此对原料的要求也不高，一般就地取材，多采用苹果、梨、柿等果树和刺槐等速生硬杂木木屑较多，主要利用淘汰果树的主干和较粗大的树枝作为主要原料。辅料主要是麦麸。

（四）菌棒制作

1. **培养料配方** 果木（苹果木、梨木等）、刺槐等硬杂木木屑 78%、麦麸 20%、石膏 2%。

2. **装袋** 原料预湿和搅拌操作同本章"一、双拱棚层架栽培技术"。因为是地面立棒栽培出菇，且出菇时菌棒摆放密集，菌棒水分散失少，因此装袋时不加保水膜，秋菇菌棒制作时间为 2—4 月。为了不使料袋在灭菌时因为气体受热膨胀造成塑料袋变形甚至破裂，特别是采用高压灭菌时，装袋时在袋的一端留一个用无纺布过滤的通气口；采用常压灭菌的则不用预留通气孔。

3. **灭菌** 采用常压灭菌或高压灭菌方式均可，因为没有保水膜，高压灭菌可以把灭菌温度调到 120℃，灭菌时间缩短为 7 小时。

4. 冷却　灭菌之后，常压灭菌通常采取延长锅内闷放时间的方法来冷却，温度降至80℃以下后出锅。高压灭菌锅配合洁净车间，在洁净车间通过自然冷却和强制冷却两个过程将栽培包温度降到25℃；不具备洁净车间的，出锅后料棒要放到待接种区冷却，并做好熏蒸消毒工作。

5. 接种　按照接种箱接种、接种帐接种和无菌洁净车间接种3种方式的要求接种，在河北省，采用大棚密集栽培的地区，一般不具备洁净车间，多采用接种箱或接种账接种。为降低污染率，秋菇菌棒有的采用双袋法生产，即在原有塑料袋的基础上再套一个薄一些的聚乙烯外袋，目的有两个，一是为了提高成品率，双层塑料袋防止杂菌侵入培养料，二是为了减少培养料内的水分从接种穴散失。

（五）菌棒培养

为减少投资，一般大棚密集立袋栽培模式的养菌棚就是出菇棚，养菌结束就地出菇。因此秋菇棚普遍使用冷棚，以便养菌时通风降温；冬菇采用暖棚，以利于保温。因为温度不恒定，养菌时间一般较恒温养菌的长，但菌棒经历温差刺激也起到了一定的"炼筒"效果，出菇情况优良。养菌期可人为划分成6个阶段：萌发、吃料、菌丝形成直径5厘米以上的菌落（倒垛检杂）、碰圈（双层袋开始脱袋透气）、快速生长期和满袋期（微孔透气促进生理成熟）。通过倒垛、检杂、刺小孔、刺大孔等操作，完成菌棒的养菌过程。转色管理也在养菌棚内进行，采用袋内直接转色方式。

（六）出菇管理

出菇采用立式出菇方式，具有采菇管理方便、潮次分明、产量高等优点，不足之处是不容易培育出花菇、白光面菇等高端菇。

1. 催蕾　同本章"一、双拱棚层架栽培技术（六）出菇管理"。

2. 子实体生长发育期的管理　出菇管理流程为：造湿→惊

菌→脱袋→大水冲→补水→出菇采收→养菌（20 天左右）→注水催菇→二潮菇采收与转潮管理。其他管理同本章"一、双拱棚层架栽培技术（六）出菇管理"。

3. **出菇管理要点** 脱袋前 3～7 天，一般对栽培畦床用大水漫灌一次，增加棚内湿度，待地面能走人时把菌袋脱去外膜，斜靠在靠线上，与地面呈 60°～70°角，一般选晴天或阴天的上午脱袋，气温高于 25℃或低于 12℃脱袋转色困难。脱袋后及时罩上一层塑料膜，防止吹干料面。然后进入转色阶段，操作参考前文转色部分。菌棒经过转色后，再拉大温差、干湿差和光线刺激，一般经过 3～7 天就可长出菇蕾。控制好菇房温度，每天注意通风，特别是香菇长到直径 2 厘米以上时，需氧量大，要结合喷水加强通风。并保持每天有一定量的散射光照时间。直到菇长成采收。第一潮菇采收后要根据菌棒含水量，安排转潮养菌管理，含水量低，每天多喷水，否则反之。保持菌棒重量是转潮养菌的关键。经历 20 天左右的养菌时间，可通过再次拉大温差、控制光线以及注水刺激等方式培育第二潮菇。

（七）采收

1. **采收** 同本章"一、双拱棚层架栽培技术（七）出菇管理"。

2. **香菇分级** 根据外观形态可将鲜香菇人为划分成 5 个等级。①特级菇：菌盖直径 8 厘米以上，或优质暗花菇；②一级菇：菌盖直径 5～6 厘米，不开伞，含水量低；③二级菇：菌盖直径 4～6 厘米，不开伞，白面菇；④三级菇：菌盖直径 4 厘米以下，不开伞；⑤其他菇：包括小豆菇和开伞的大片菇，等等。

三、暖棚四季出菇栽培技术

暖棚四季出菇栽培技术是建立在高端暖棚基础上的香菇出菇技术，在能有效调整温度、湿度、光照以及通风透气的棚室中栽培，可以不考虑栽培时间和季节，从而实现一年四季均可有效出菇的技术。

（一）栽培设施

1. **设备** 主要有木材粉碎机、装袋机、接种机、蒸汽炉、灭菌柜等。

2. **菌棒培养室** 菌棒培养室要弱光、通风、调温排湿性好。这种栽培方式主要为企业大规模生产菌棒、农户分散出菇的模式。因此企业都具备先进的智能养菌室，可以自动调节温度、湿度、空气，培养成本偏高，但菌棒质量好、污染率低，现在采用的培养方式是企业在培养室培养 30 天左右，然后交给农户，在出菇棚内继续培养、出菇。可以一年四季制菌棒，一年四季出菇。

3. **出菇棚** 温室型四季出菇棚：采用钢架结构，高密度彩钢苯板保温，东西走向，标准棚规格，长×宽×高为 50 米×11.2 米×4.8 米，面积 560 米²，外覆薄膜、保温被，外遮阳，含通风降温调湿系统，棚内配备宽 1 米、高 2.4 米（10 层床架）、长 9 米床架，一个棚可投放 24 排架，投放 2.6 万～3.2 万菌棒，是结合各地经验建造的阜平新型棚室，为香菇周年、优质、高效栽培奠定了基础，2 年完成 3 个出菇周期或 1 年完成 2 个栽培周期。在河北大多数地区，这种棚室在气温 −15℃ 以上时，棚内温度能保持在 5℃ 以上；在外温达到 35℃ 的高温天气，棚内最高温度能控制在 28℃以下。

（二）品种

四季出菇棚保温效果好，一年四季（除夏季最热的 7 月 15 日至 8 月 10 日）均可出菇，因此品种选择尤为重要，为了增加棚室利用率，现在常用的品种有 0912、申友 T2、七河 9 号等短菌龄品种，如果菌棒越夏后出菇，也可以选用申香 215 等中长菌龄品种。

七河 9 号菌龄 110～120 天，广温型品种，菌丝生长适宜温度 20～25℃，出菇温度 8～25℃。养菌期间进行 1～2 次刺孔通气，培养后期要防止温差刺激，避免袋内提前出菇。菇蕾形成时需要保持85%～90%以上的空气相对湿度和8～12℃的昼夜温差，子实体生长阶段空气相对湿度85%左右。菌棒硬度和弹性好，菌丝恢复能力强，便于转潮管理。子实体单生，菇形圆整，颜色白，菇体大，菌盖直径7厘米以上，菌肉结实，菌盖厚，菌柄短，上粗下细，偶呈圆柱形。

（三）培养料

该模式对香菇品质要求高，因此对原料的要求也较高，一般主要原料选择柞木木屑，或柞木木屑与果树木屑混合使用，但果树木屑用量一般不超过40%；辅料选用麦麸。

（四）菌棒制作

菌棒制作采用现代工厂化生产方式，从原料贮藏、预湿、搅拌、装袋、灭菌、冷却、接种到培养共分为6个功能区，分别为：原辅材料储存区、菌袋（棒）生产区、灭菌区、接种区、发菌区和办公生活服务区（表8-1）。下面以日产10万个香菇菌棒的生产基地为例进行介绍。

表8-1 各功能区占地面积估算

序号	功能区	占地面积（米²）
1	原辅材料储存区	10 000
2	菌棒生产区	1 500
3	灭菌区	2 000（包括锅炉房）
4	接种区	1 500
5	发菌区	40 000
6	办公生活服务区	3 000
	合计	58 000

日生产量为10万棒的菌棒生产流水线，占地面积最少为1 500米²，与原辅材料储存区紧密结合。生产菌棒包括菌种选择与制备、

配料、拌料、装袋、灭菌、出灶冷却、接种等环节。经历了规模从小到大、从土法生产到工业化生产的变革，集约型标准化生产是快速发展香菇产业、减轻菇农负担的高级生产方式。

1. 培养料配方

①配方1。柞木屑78％，麦麸20％，石膏2％。

②配方2。柞木屑43％，果木及其他硬杂木木屑35％，麦麸20％，石膏2％。

2. 原料预湿　主料木屑需要提前预湿。

3. 搅拌　采用铲车上料的要做好体积计算，按比例把主辅料填入搅拌机，喷淋加水，然后再过筛进行二级搅拌，通过上方工位回旋机分配料到装袋机，要求配比准确、搅拌均匀、加水适量。可以使用半自动装袋机或全自动装袋机。

4. 装袋　装袋机在装袋时要求松紧适度，卡扣紧实不透气，无砂眼。标准菌棒要求，采用折径15～17厘米，长60厘米，厚0.07毫米的低压高密度折角聚乙烯袋筒，料柱长45～50厘米，湿重2.4～2.9千克。

5. 灭菌　菌棒灭菌区域面积为2 000米²，包括燃料堆放场、锅炉房、蒸汽发生器、灭菌舱室及框架。规模化生产的公司亦选用高压灭菌设备为香菇菌棒灭菌，以提高设备使用效率、节省能耗、减少环境污染，降低生产成本。生物质环保高压蒸汽锅炉作为蒸汽发生器具有燃料燃烧充分、热效率高、带有脱尘脱硫装置的优势；也可以采用燃气锅炉或电热锅炉，但这两种的使用成本相对要高一些。

6. 冷却　冷却分为强制冷却和自然冷却两种模式，经过冷却后棒温降到30℃以下就可以接种了。

7. 接种　接种方式多采用净化车间流水线接种。净化车间接种是在百级净化层流罩下实现接种，可以采用人工或半人工接种（机器打眼，人工接种），也可以采用全自动接种机接种。这种生产方式污染率低，生产效率高，不受外界条件限制，有效解决了夏季生产污染率高和周年生产的问题。

净化车间接种的工艺流程是：灭菌后的菌棒从灭菌室移出进入退炉散热散湿车间→强冷车间制冷降温至料温 30℃以下→进入待接种车间→操作人员通过更衣室更衣→风淋室→开始操作→用输送系统将菌棒送入超级净化接种工作间（通过高效过滤系统送进无菌风）→菌棒在操作台上人工接种或使用接种机全自动 4 点打穴接种→接种后套外袋或粘贴胶带封口→传输到外部运输车→运至一般菇棚发菌培养。

（五）菌棒培养

接种后的菌棒转入养菌管理阶段，养菌培养分为常规养菌棚养菌和智能型恒温养菌车间养菌两种方式。智能养菌车间养菌可以实现恒温和低二氧化碳浓度下高质量养菌，菌棒接种后放入培养框架，转入车间，车间采用保温采钢板材建造，规格为高 4.2 米，300 米^2/间，可自动通风、调温、物理杀菌，一次可投入菌棒 8 万～10 万棒。经 30 天左右养菌至碰圈，然后转移到后养菌室或出菇棚继续培养，一间养菌室每年可培养 10～12 个周期，为实现集约化周年生产提供了保障。这种培养方式培养出的菌棒污染率低、菌丝一致性好。

（六）出菇管理

四季暖棚架栽香菇因为通风条件好，可控因素较多，能培育出花菇和光面菇，是出高端菇的最好选择。

1. 出菇管理流程　开袋催菇（根据菌棒含水量决定是否注水）→出菇采收→转潮养菌（20 天左右）→注水催菇→采收二潮菇。

2. 出菇管理要点

（1）控制干湿度　在催蕾期及幼菇期湿度要大，为 50%～70%，过分干燥会造成菇蕾生长缓慢甚至干枯，影响产量；在菇蕾长至直径 1～2 厘米时降低湿度，创造干湿差，增加菇面白度，促使花菇形成，提高优质菇率。

（2）通风　保证棚内空气新鲜，为香菇生长提供充足的氧气；

主要是根据棚室内的温度调节通风状态，幼菇期不可大量通风，以免小菇蕾死亡。

（3）**疏蕾** 灵活运用温差与震动刺激手段控制出菇数量，出菇过少可适当加大刺激力度，出菇过多可在菇蕾幼小期进行疏蕾，均匀留下（单面出菇）8～12 朵健壮菇蕾促其长成成品菇。去除畸形、过密菇蕾，减少营养消耗，多出优质菇。

（4）**催花管理** 花菇管理需保持菇棚内温度 8～22℃，提高昼夜温差 8～10℃，调节空气相对湿度 40%～70%。菇蕾长至直径 3 厘米时适当加大通风，降低湿度，提高棚内散射光，使菇面逐渐变成灰白色，创造干湿差，促使花菇形成，提高花菇等级。

3. 转潮养菌 根据上潮菇数量和出菇后菌棒恢复情况决定养菌期，科学合理进行催菇，争取优质高产高效。每潮菇采收结束，要对菌棒进行分类、掉头翻面、换层、换位、保湿等处理。

（七）采收

香菇的最佳采摘时机应为菌盖不开膜或微开膜，以下操作技巧可供菇农采纳借鉴：

1. 采收 要使香菇优质、高产、高效益，做好各个环节才能使效益最大化，香菇效益最大化的经销方式就是"鲜销"，称之为"不加工的深加工"，因为鲜品比深加工更高端、更直观、更天然，所以在鲜销过程中提高产品的质量尤为重要。鲜销产品注重的就是一个"鲜"字，要想香菇新鲜，应做到采收时直接分级，以减少二次分级对菇体的伤害。

2. 分级 为了提高效益，河北省阜平县香菇产区建立了香菇细分标准，主要技术要求是在香菇菌盖不开膜或微开膜时（五成熟）采摘，让香菇在保证等级的情况下尽量长大一些；反之就要在菌盖稍小一些采摘。采菇时分级进行，在最短时间交到公司，验质过秤后，入冷库（-2～4℃）贮藏，分批次发往全国各地销售。

将高端香菇分为以下 4 个级别。

①花菇。菌盖有明显花纹、直径为 4.5～7.5 厘米，圆整度完

好、有弹性，褐色偏白，较干燥，不开伞，不畸形，柄短，此品种口感脆硬度较强，适宜出口及内销高端市场。

②光面菇。菌盖直径为 4.5～7 厘米，圆整度完好、有弹性，褐色，较干燥，不开伞，不畸形，柄短。

③白小菇。菌盖直径为 2.5～4 厘米，圆整度完好、有弹性，褐色，较干燥，不开伞，不畸形，柄短，适宜出口欧美国家。

④混装菇。菌盖直径为 4.5 厘米以上，圆整度完好、有弹性，褐色，较干燥，基本不开伞，基本不畸形，柄短。

低端香菇也分为以下 5 个级别。

①小菇。菌盖直径为 3.5～4.5 厘米，不开伞，无黑色，湿度小，少畸形。

②包装菇。菌盖直径为 4.5 厘米以上，稍开伞，颜色无黑色，湿度小，少畸形。

③水菇。在菇棚局部湿度偏高、通风不畅情况下形成的菇，"憋袋菇"和"架子菇"的底层菇多为这种菇；菇帽发红，水分略高，一般市场认可，价格低于光面菇。

④菜菇。在出菇阶段人为喷水加湿，导致水分偏高、菇帽发黑的菇，这种菇货架期短，没有菇的原味，质量差。

⑤其他菇。适于批发市场销售、饭店食堂配菜，适合深加工和烘干，做香菇颗粒、菇条或菇粉。

陕西香菇栽培技术

陕西省位于中国西北地区，总面积 20.56 万千米²，地理上主要分为三大自然区：北部为海拔 900~1 900 米的陕北黄土高原区，总面积 8.22 万千米²；中部为海拔 460~850 米的关中平原区，总面积 4.94 万千米²；南部为海拔 1 000~3 000 米的陕南秦巴山区，总面积 7.4 万千米²。三大自然区纵跨三个气候带，南北气候差异较大，全省年平均气温 9~16℃，自北向南、自西向东递增。陕北黄土高原区年平均气温 7~12℃，关中平原区年平均气温 12~14℃，陕南秦巴山区年平均气温 14~16℃。三大自然区的气候特点造就了各自不同的资源状况，陕北、关中地区拥有大量苹果、梨、猕猴桃等果树资源；陕南地区具有丰富的阔叶硬杂木资源；陕北地区每年需要对沙柳、柠条等沙区林木资源进行平茬，为香菇生产提供了优质原料。独特的温差气候与丰富的资源状况使陕西省发展香菇产业具备得天独厚的优势。

陕西省自 20 世纪 90 年代开始对香菇栽培进行探索，目前主要形成陕南、关中两大香菇春季栽培主产区以及陕北反季节栽培新兴产区，产业发展始终处于稳步上升阶段。数据显示，2010—2020年，陕西省香菇产量由 28.50 万吨增长到 72.26 万吨，增长率超过 150%。

陕西省香菇产业的蓬勃发展也离不开生产模式的创新。以柞水县为代表的"基地统一制袋，村户分散栽培，政府补助建棚"的集体经济模式，通过"统一菌种、统一制袋、统一养菌、分户出菇、统一销售"的方式，形成了"企业带动农户发展、农户促进产业经营"的乡村振兴双赢模式。创新的生产模式极大地提高了香菇种植户的积极性，促进了生产规模的扩大与经济效益的增长，实现了生态与经济的协调发展。

本章主要介绍陕西省香菇春季栽培与反季节栽培的有关技术。

一、栽培设施

1. 生产设备

(1) 原料加工设备　一般指木屑粉碎机，主要用于将木材粉碎至合适尺寸的木屑。

(2) 菌棒生产设备　包括拌料机、装袋机，主要用于将培养料混匀、装袋。

(3) 灭菌设备　包括固定式或移动式的常压（高压）灭菌锅、灭菌柜等设备，主要用于对菌棒进行彻底灭菌，具体的设备和尺寸根据生产规模来确定。

(4) 接种设备　一般使用接种箱接种，有条件或生产规模较大的种植户可采用接种室接种。接种室可以是熏蒸消毒后的房间，也可以是因地制宜搭建的塑料棚，经过处理后再进行接种操作。不管使用何种接种方式，都必须严格消毒、把控接种环节，避免杂菌污染。

2. 养菌室　陕西香菇生产以春栽（即春季制袋、越夏管理后秋冬季出菇）为主，养菌时必须充分考虑通风和降温。一般在通风良好的室内进行避光培养；也可以在室外搭建塑料大棚，通过加盖遮阳网等方式进行避光和降温。反季节栽培香菇（即冬季制袋、越冬培养后夏季出菇）的养菌室在兼顾通风的条件下，要充分考虑冬末春初的低温状况，确保养菌室具有良好的保温性能。

3. 出菇棚

(1) 场地选择　选择阳光充足、背风、近水源、交通便利、地势平坦、排水方便之处作为栽培场地，场地3千米范围内无生活垃圾、废弃物堆放和填埋场。

（2）搭建日光温室大棚 塑料大棚要坐北向南，棚宽 8.0～10.0 米、长 25.0～30.0 米、中心高度 2.8～3.0 米，棚架可采用钢筋、竹木结构，两边直立高度不低于 2.0 米，每棚可放置菌袋 8 000～10 000 袋。棚架上覆盖一层塑料棚膜、一层遮阳网、一层保温被，棚的两端设卷膜结构和棚顶排风口，有条件的也可加装通风换气系统与喷淋设施。

春季栽培时一般在秋冬季出菇阶段通过保温被调整棚内温度，在越夏阶段将保温被完全卷起或直接撤掉。反季节栽培时则需要在冬末春初的养菌阶段通过保温被保持棚内温度，在夏季出菇时将保温被撤掉。日光温室大棚通过对保温被与遮阳网的加盖与撤换，就可以满足全年出菇所需的设施条件。

（3）出菇架 出菇架一般使用钢筋焊制，要求牢靠、平整，宽 1 米、长 6～8 米，分 5～7 层，层间距 25～30 厘米，中间走道 80 厘米。床上用铁丝或细绳绷紧床面，有条件的也可做固定的钢筋焊制床面，简单的可用木棍、竹竿搭架，无论使用何种材料，都必须留有空隙，以便通风换气。

二、品 种

1. 品种 目前国内香菇品种较多，需要根据栽培模式与实际生产情况选用合适的品种。春季栽培一般选用中低温型品种，且柄短、组织致密、抗杂能力强，如申香 215、L808、9608、939 等；反季节栽培宜选用菌龄较短的中高温型品种，如武香 1 号、238 等。

香菇品种 939 菌龄弹性大，100～120 天，中低温型品种，8～18℃出菇，子实体大型，菌盖肥厚、圆整、内卷，浅褐色，花菇厚菇比例大，菌柄稍粗，中等长度，菇形较大，花菇率高。出菇猛、产量高、转潮快。

香菇品种 238 菌龄 80～90 天，耐高温性能强，菌丝生长温度 5～32℃，子实体生长适宜温度为 15～28℃。子实体单生，菇形朵大、肉厚、圆整，菌盖表面灰白色，含水量大时颜色会加深。菌盖直径 3～15 厘米，厚 1.5～3.5 厘米，不易开伞。菌柄上粗下细，呈倒圆锥形。

2. **季节安排**　春栽香菇是指春末制袋、越夏养菌、秋冬季出菇的香菇栽培模式。关中地区一般在 4—5 月进行菌棒制作，6—9月进行菌棒培养及越夏管理，从 10 月至翌年 3 月进行出菇管理。陕南地区因为全年温度适宜，在时间安排上更加灵活，可以提前或延长一个月左右的生产时间。

反季节栽培是指冬末或春初制袋、夏季出菇的香菇栽培模式。陕北地区夏季气温较低，温差也较适宜中高温型香菇品种进行出菇，因此一般在 10 月至翌年 1 月进行菌棒制作，2—3 月进行菌棒培养，5—8 月进行出菇管理。

三、培养料

关中地区拥有苹果、梨、猕猴桃等果树资源，培养料一般以果树修剪枝条为主；陕南地区拥有丰富的林木资源，培养料一般以阔叶硬杂木为主；陕北毛乌素沙区平茬产生大量的沙柳、柠条树枝，也可以作为香菇培养料。辅料主要有麸皮、石膏粉等，少部分地区的生产户仍会在配方中添加 1% 的蔗糖。目前常用的配方有以下5 种。

①苹果木屑 79%，麸皮 20%，石膏粉 1%，含水量 55%～60%。

②阔叶杂木屑 79%，麸皮 20%，石膏粉 1%，含水量 55%～60%。

③阔叶杂木屑 51%，桑枝木屑 30%，麸皮 18%，石膏粉 1%，含水量 55%～60%。

④苹果木屑 59%，沙柳木屑 20%，麸皮 20%，石膏粉 1%，含水量 55%～60%。

⑤苹果木屑 69%，柠条木屑 10%，麸皮 20%，石膏粉 1%，含水量 55%～60%。

四、菌棒制作

1. **材料准备** 香菇生产所需的木屑必须提前准备。关中地区一般在上一年春季或冬季修剪果树时收集材料，陕南地区根据当地森林政策提前准备，陕北地区可以在对沙柳、柠条平茬时收集枝条。收集好的树木和枝条经粉碎后堆放室外，经过堆置后的木屑更有利于香菇菌丝生长，粉碎颗粒径一般以 0.5～1.5 厘米为宜。

2. **拌料** 拌料是确保菌棒原料混合均匀、营养成分一致的重要步骤，根据生产规模大小可选择人工或机械拌料。

（1）**人工拌料** 按照所选择的培养料配方，将陈化贮存的木屑称取所需的用量，加上相应比例的麸皮、石膏等辅料后拌匀，干料需要拌 3～4 次或更多次，以保证干料充分混合。然后用自来水均匀喷料，边喷水边拌料，过程中严格控制水量，坚持"宁小勿大、宁少勿多"的原则，开始拌料 2～3 次，待基本均匀后用手抓起一大把料，观察含水量大小。当用手紧握 3～4 下，混料成团，张手即散，再紧握时有水从指缝处浸出但不滴下时，含水量正适宜。

（2）**机械拌料** 拌料机一般分为大、中、小 3 种，根据生产规模具体选用。将木屑和麸皮装入后打开拌料机电源，然后放入石膏等辅料，待干料混合均匀，随即打开水源开关，充分搅拌，使用人工拌料的方法观察水分含量多少，待适宜时关水。

3. **装袋** 栽培袋一般选择规格为（15～17）厘米×58 厘米×（0.055～0.060）厘米的高密度低压聚乙烯塑料袋。1 人负责进料，2 人负责快速套上保水膜和塑料袋并踩压踏板，1 人负责取走菌棒并扎口，2 人负责检查菌棒有无刺孔与破袋，若有应及时用胶带封好，然后摆放整齐等待灭菌。制作完成的菌棒直径 9 厘米，棒长44～46 厘米。

4. **灭菌** 一般分为常压灭菌与高压灭菌，灭菌是制作菌棒的重要环节，它决定了菌棒的成品率，必须严格按照要求进行。

（1）常见的常压灭菌设施包括太空包式常压灭菌与蒸汽罐式常压灭菌　太空包式常压灭菌是将常压节能蒸汽灭菌灶产生的热蒸汽，通过连接管送入蒸料包内，待温度达到要求后开始计时，17～20 小时停止加气，停火闷锅 2 小时以上揭开锅布，趁热出锅移入冷却室。蒸汽罐式常压灭菌是区别于高压罐灭菌的安全节能的方法。将菌棒装入专用小车，再将小车推入蒸罐后，加热至 100℃以上灭菌 10 小时，闷锅 2 小时后移入冷却室。

（2）高压灭菌是目前大规模生产企业采用的方法　当灭菌温度超过 100℃时，高密度低压聚乙烯塑料袋就会发生胀袋或粘连，因此企业必须根据生产实际需求选择灭菌温度、塑料袋材质与高压锅的类型和容积。高压灭菌锅有矩形和圆形两种，蒸汽压力大、温度高，使得灭菌时间大大缩短，工作效率大幅度提升。

5. **接种**　接种室在菌棒移入之前应先彻底消毒。地面喷洒抑菌药和撒生石灰粉，然后铺盖塑料布或地膜。冷却好的菌棒移入接种室（冷却室也可直接用于接种），待菌棒降温到 28℃以下时，立即进行接种操作。接种方法主要包括接种箱接种和接种室接种两种。

（1）接种箱接种　接种箱接种是目前使用最广泛的安全、可靠、低成本的接种方法。接种箱预先放在菌棒待接种的场所，使用氯制剂进行消毒，保证接种场所的清洁、卫生。使用来苏儿溶液按 5%浓度兑水后擦洗接种箱内、外部。将待接种的菌棒扎口朝外码于箱内，将菌种、酒精棉球、酒精灯、接种工具以及外套袋放入。接种人员使用 75%酒精棉球擦拭手部，再用酒精棉球擦拭菌种袋外壁、待接种的菌棒与打孔器等工具。打开菌种袋，然后在待接种的菌棒朝上的一面打孔 3 个，快速塞入菌种块，保证菌种完全塞满孔口，然后迅速套上外套袋并扎口。如此循环直至箱内的菌棒全部完成接种。取出接种的菌棒，放入待接种的菌棒，再次重复以上步骤。

（2）接种室接种　接种室接种分为普通室内接种与超净室内

接种。

①普通室内接种。接种前，要将接种室的门窗封闭好，将所用的菌种、工具放入接种室内，用甲醛和高锰酸钾对接种室进行消毒，高锰酸钾用量为每立方米 7 克，倒入 40％甲醛溶液 10 毫升，发生反应冒烟后静置 30～60 分钟，再向接种室内喷洒 25％～30％氨水溶液（每立方米用 50 毫升），消除接种室内的有毒气体和刺激性气味后，接种人员再进入室内进行接种操作。首先用 75％酒精棉球擦拭手部、接种工具、打孔器等，然后把接种工具在酒精灯上灼烧进一步消毒。菌棒的接种面要用酒精棉球擦拭，打孔后塞入菌种块，迅速套上外套袋并扎口。

②超净室内接种。无菌室一般为面积 4～5 米^2、高 2.5 米的独立小房间，室外设一个缓冲间，错开门向，悬挂条状透明软门帘，以免气流带进杂菌。无菌室和缓冲间都必须密闭，室内应装备有空气过滤装置的换气设备，在无菌环境下装入无菌材料后，保持无菌状态接种，室内出入口应设置重叠性好的软门帘，保证室内的洁净度。接种时，将待接种菌棒、菌种、接种工具、打孔器等用 75％酒精擦拭消毒后移入无菌室，接种前采用紫外线灯照射灭菌 1～2 小时。接种人员必须在缓冲间穿着经过消毒的防护服并佩戴口罩后方可进入。超净室内接种与普通室内接种方法一致，接种全程需要打开换气设备。超净室内接种在工厂化大规模生产时使用较多，采用传送带将待接种菌棒送入，完成接种后送出，也可使用接种机进行接种操作。

五、菌棒培养

菌棒接种后移入养菌场所，在适宜的温度、湿度、通风、光照条件下，菌丝开始生长，进入菌棒培养管理阶段。

1. **菌棒堆放**　发菌场所彻底消毒后，地面上铺薄膜再撒生石灰粉，然后将接种后的菌棒移入。春季栽培时，因早期气温比发菌所需气温低，故以保温为主要措施，可以将菌棒顺码排放成堆，不超过 8 层，排与排之间留人行道，利于空气流通。当气温升高至 25℃时，则改为"井"字形堆放，高度为 5～6 层。接种后的菌棒 1 周内不要搬动，并保持棚内空气干燥、新鲜，促进菌种块萌发，避免杂菌侵入。

2. 培养管理 随时调节发菌室的温度、湿度、通风、光照，以利于菌丝的生长。

(1) 温度 温度是菌丝生长的关键因素。在 22～24℃的室温下，菌丝生长速度快且健壮。萌发期菌棒温度一般比室温低 1～2℃，此时应提高温度，使室温达到 20～22℃，促进菌丝萌发。接种 4～7 天，接种穴四周可以看到白色绒毛状的菌丝时，说明菌丝已定殖。继续生长 20 天以后，新陈代谢不断加强，菌棒温度也随之上升，通常会比室温高出 2～3℃，此时室温应控制在 25℃以下。可采取调整菌堆的高低、疏密、堆的方式和通风等措施来调控温度。

(2) 湿度 培养室内空气相对湿度要控制在 70%以下，湿度过大易引起杂菌污染，遇阴雨天湿度较大时，可往菌棒垛上撒生石灰粉，晴天时打开大棚前后塑料膜进行通风除湿。

(3) 通风 培养室要保持空气新鲜。菌丝萌发期耗氧量较少，每天通风半小时即可；生长期适量通风，每天早晚各 1 小时；旺盛生长期要加大通风，最好保持全天通风，以满足菌丝生长所需氧气量。

(4) 光照 菌丝生长期要进行避光培养，特别注意不要让直射光照射菌棒。

(5) 定期检查 接种后 7～9 天进行倒垛检查污染情况。因微孔造成污染的菌棒及时回锅，重新整棒灭菌，冷却后在原接种孔处打孔接种，套上外套袋后移回发菌室，过半个月再倒垛检查 1 次。

3. 通氧管理 香菇菌棒在发菌期进行通氧可以促进菌丝健康生长，使菌丝洁白、健壮。当前端菌丝颜色开始变淡或菌棒内出现瘤状物时表明袋内已经缺氧，需要及时通氧，整个发菌期共需要进行 4 次通氧。

（1）第一次通氧 接种后 7～10 天，对于使用外套袋的菌棒，在接种块萌发菌丝向接种孔外延伸 3 厘米以上时，可以脱掉外套袋，以此作为初次通氧。在高温高湿期且有可能存在微孔的情况下，可以延长脱袋时间，可选择在菌丝生长超过 60% 时再脱去外套袋，以防微孔造成污染。

（2）第二次通氧 接种后 30 天左右，菌棒接种孔菌丝相连时，在晴朗天气下用钉子在菌丝处刺孔通氧，一般刺孔直径为 0.2～0.4 厘米，刺孔深度为 1～2 厘米，刺孔数 15～20 个，钉子提前用 75% 酒精浸泡消毒，刺孔过程中使用酒精棉球或经酒精浸泡过的纱布进行擦拭。

（3）第三次通氧 接种后 60 天左右，当菌丝基本长满且发白时，根据菌丝状态和天气状况，进行第三次通氧。使用自制的钉子板三面均匀刺孔 24～30 个，方法与第二次通氧一致。

（4）第四次通氧 待转色达到 50% 以上时进行第四次通氧，此次使用钉子板均匀刺孔，孔深 2～3 厘米，每袋刺 80～100 个孔。

4. 转色与越夏管理 春季栽培的香菇，根据品种特性和香菇生长的环境条件，一般在 150～200 天或 200 天以上才能达到生理成熟。因为要经历夏季高温季节，如何使菌棒正常转色和顺利越夏，成为香菇栽培管理的重要一环。

（1）越夏管理 第三次通氧约 7 天后，要及时将菌棒移入出菇棚内。棚上要加盖遮阳物，避免直射光照射，菇棚四周要保持通风，5～7 层的棚架在越夏期间只摆放下部 3～4 层。无论是大棚越夏还是室内越夏，都要注意通风降温，切忌中午高温时向地面喷水，以防温度陡升造成烧菌或闷菌现象。越夏期间菌棒不宜翻动与运输，出现污染的菌棒要及时处理。

（2）转色管理 菌棒发菌结束后，进入转色期管理。菌棒转色直接影响香菇的产量与品质，影响因素主要有以下 4 个方面。

①品种。品种不同，转色的表现也不同。一般来说，中高温型品种转色较快，有的品种会边转色边出菇，无需特殊的转色管理；

中低温型品种自然转色较慢；低温型品种转色比中低温型品种更慢，技术要求更严格。

②温度。转色期要求室温保持在 18～22℃，温度高于 28℃或低于 12℃都会影响转色速度。

③湿度。转色期的空气相对湿度要保持在 70%～80%，转色时环境湿度过大，会引起菌丝徒长，形成的菌皮较厚，使菌丝呼吸受阻；环境湿度过小，则会引起菌棒失水过多难以转色。

④光照。转色期室内或菇棚要有一定的散射光。光照过强，则菌棒色泽深，大多为黑褐色且有可能烧菌；光线太暗，则导致转色太慢、色泽浅。

六、出菇管理

1. **脱袋管理**　脱袋时选择阴天或无干热风的天气，应避开高温高湿天气，或尽量降低棚内温度，防止绿霉污染、菇蕾死亡或现蕾过多。脱袋后若遇高温天气，要减少光照刺激，夜间大通风，不急于催菇，待温度适宜时再给予光照和温差刺激。脱袋 5～7 天后，一般可以正常出菇，若长时间菇蕾少时，不要急于喷大水和注水，要加强通风。20 天后若仍不见大量现蕾，则需加大通风，使菌棒干燥，并于 40 天时进行注水，重新刺激出菇。

2. **春季栽培的出菇管理**　春季栽培的香菇出菇时要经历秋、冬、春 3 个季节，在此期间温度变化幅度非常大，最高时可达 30℃以上，最低时在 -15℃左右，因此在不同季节要注意以下管理要点。

（1）秋季出菇管理　指 9—10 月的出菇期。

①温度管理。此阶段的自然温差较为适宜，仍需谨防突然出现的高温天气。具体的温度调整措施：一是尽量晚放被、晚揭被，即晚上待棚内温度略有下降时放下保温被，早上尽量晚揭保温被，尽量延长夜间的偏低温度，以保证香菇形成原基所需的 8℃以上昼夜温差条件，白天棚内温度保持在 23℃以下；二是加大夜间通风，

全部打开通风口通风（刮风天气不要通风），使夜间气温降到最低；三是喷水降温，在上午 11 时和下午 5 时各喷水 5~8 分钟，切忌中午高温期喷水。

②湿度管理。通风降温的同时会让湿度降低，因此高温期通风可以与喷水同时进行，保持棚内相对湿度保持在 80%~90% 即可，但要做到棚内有干湿差，连续恒湿会影响正常现蕾。

③光照管理。适当的光照刺激可以使原基分化成菇蕾并长成子实体，但光照在整个出菇期除保证必需的散射光照条件外，主要作用是调节棚内温度，所以光照必须根据气温随时进行调整。秋季时常有"秋老虎"（高温天气）出现，该阶段的光照条件要掌握在降温的前提下进行较低散射光处理，一般达到 200~300 勒克斯即可。当气温下降时，要尽量增加光照刺激，引光增温，以满足香菇生殖生长的转化。

④通风管理。香菇现蕾后，必须保持棚内空气的新鲜，以人员进入棚内空气无异味、不让人感觉憋气胸闷为宜。

（2）冬季出菇管理　指 11 月至翌年 1 月底的出菇期。

①温度管理。此阶段气温较低，管理主要以保温为主，主要方法是通过保温被的揭放来调控温度，天气最冷时可在日光全照射到棚膜时全部揭起，待下午太阳光开始减弱时就放下，同时封闭通风孔，保持最理想的棚温，以保证该阶段香菇正常出菇。

②湿度管理。此阶段的通风与保湿操作较少，一切都以保温为前提。但仍需在晴朗、气温较高的天气进行少量通风，同时伴以少量喷水，保持棚内空气新鲜与湿度适宜。

③水分管理。当子实体发生量明显减少、菌棒水分下降但还不到注水时或香菇市场价格偏高仍需继续出菇时，可以采取喷大水的方法增加出菇量，一般需喷水 3~8 小时（根据菌棒失水程度调整）。喷大水 3 天左右开始减少通风量，保持适当的干湿差刺激。

（3）春季出菇管理　指 2 月至 5 月初的出菇期。经过秋季与冬季出菇后，菌棒营养已被大量消耗，菌丝生长变弱，菌棒开始发软、弯曲、短缩，菌棒质量严重下降。此阶段注意给予出菇棚内充足的氧气，保护菌棒不因逐渐升温而污染。

①水分管理。当菌棒水分不足，减重50％左右时，要及时补充水分。对形状良好的菌棒可以采取注水针注水的方法补充水分，在此期间菌棒表层保水性能较差，可采用10针1组的注水器进行注水，适当延长注水时间与提高注水速度以满足水量要求，注完水的菌棒重量不能超过原菌棒重量的85％。对于外形变化较大的菌棒，可以采取夜间浇大水的方法，即于夜间打开微喷开关，连续喷水5小时以上，使菌棒水分达到要求后再次出菇。

②养菌管理。经过前几个月出菇的菌棒，营养成分消耗很大，尤其是木质素、纤维素等营养成分明显不足。此时，应采取菌丝自身复壮的方法进行养菌，即当出菇量明显减少时，加大通风，降低湿度，增加光线，将温度控制在20～25℃、湿度控制在70％～80％，菌丝休养生长10～15天，待菌棒凹陷处菌丝复壮变白后，再补充水分进行催菇。

3. 反季节栽培的出菇管理 反季节栽培的香菇出菇期正值气温较高季节，对子实体生长发育不利，管理不善易出现萎蕾烂菇、杂菌污染等情况。如何采取充分措施，减少不良环境的影响，是夏菇管理最重要的环节。主要管理方法如下。

(1) 菌棒摆放 夏菇出菇时必须充分考虑通风降温，摆放菌棒时与冬菇管理相比要相对"稀疏"，菌棒之间间隔5～8厘米为宜。

(2) 疏蕾 第一潮菇一般在5月下旬至6月初发生，此时气温偏高，易大量现蕾，会使朵小肉薄，不符合优质菇的品质要求。为增加香菇的商品价值，就要适当进行疏蕾，对菌棒表面密集的菇蕾，每袋选出蕾体饱满、圆整、柄短、分布合理的8～10朵，多余的用手指按压致残，不让其发育或直接剜除，使菌棒产菇分布合理，均匀吸收养分、水分，确保菇品优质。

(3) 遮阳控光 夏日棚温升高，出菇棚必须加盖遮阳网降低温度，使整个菇棚处于阴凉暗淡的环境。根据棚温随时调整通风条件，防止空气流通不畅，温度升高导致菇体变薄、色泽变黄，影响香菇品质。

（4）加强通风 夏季出菇期必须把菇棚四周塑料薄膜卷离地面30～80厘米，使菇棚内整体通风。刮风天气可放下保温被，从保温被缝隙或底部通风透气，但塑料膜不得放下。如果薄膜始终紧罩，则会导致二氧化碳浓度过高，引起萎蕾烂菇。

（5）湿帘-风机降温 随着夏季气温逐年增高，白天的温度很难自然控制在适宜的出菇温度范围内，因此利用日光温室和双拱棚出菇的菇棚可采用湿帘降温的方法来控制棚温，湿帘-风机可根据气温自动控制，电耗与水耗也较低，是反季节栽培香菇的理想设施。

（6）采后管理 一潮菇采收后停止喷水10～15天，加大通风量，让菌丝复壮，待采菇部位的凹陷处重新长出白色菌丝时再进行催蕾出菇。尽量不使用添加剂补充营养，必须时可喷洒红糖水、尿素、磷酸二氢钾等。

（7）检查 夏季管理要注意每天结合采菇，观察整体温度、湿度和气味情况，发现问题要及时采取对应措施，尤其是棚内的气味，如有异常，要及时调整，防止病虫害或萎蕾烂菇现象发生。

七、采　收

1. **采收标准** 只采收达到标准的香菇，不采收幼菇。待子实体生长至六七分成熟，菌盖充分展开，颜色逐渐变浅，边缘内卷呈铜锣状，菌膜尚未破裂，菌褶由白色转为褐色，菇形较为圆整，即可采收。一般要求菌盖直径在4厘米以上，若种植的是花菇，需确保其菌盖直径在3厘米以上。夏菇生长速度快，从菇蕾形成到成菇一般只需2～3天，气温高时半天即可使五分成熟的子实体开伞，因此高温期每天需采收2次，要注意下午采收的香菇易采后开伞，最好及时售出，尽量不要贮存。根据气温变化分批采摘。气温低时生长慢，可适当延长采收期，阴雨天宜提前采摘稍嫩菇，不采过熟菇。

2. **采收方法**　采收前须停止喷水，以防菇体含水量过高，菌褶褐变。采摘时，左手拿菌棒，右手用大拇指和食指捏紧菇柄，从基部轻轻拧下即可，也可用小刀轻轻剜下。鲜菇采收完成后，需将其轻轻置于塑料筐内，避免受到挤压而变形。结合菌盖厚度、菌盖大小及含水量等对香菇子实体进行分类。待香菇采收完成后，需及时对其加工或出售，避免长时间堆放导致品质降低。

香菇及部分食用菌标准（统计有效期截至 2023 年 1 月）

序号	标准名称	标准编号	标准级别
一、术语			
1	食用菌术语	GB/T 12728—2006	国家标准
2	农产品基本信息描述　食用菌类	GB/T 37109—2018	国家标准
3	食用菌品种描述技术规范	NY/T 1098—2006	行业标准
二、菌种			
4	香菇菌种	GB 19170—2003	国家标准
5	食用菌品种选育技术规范	GB/T 21125—2007	国家标准
6	植物新品种特异性、一致性和稳定性测试指南　香菇	NY/T 2560—2014	行业标准
7	食用菌菌种通用技术要求	NY/T 1742—2009	行业标准
8	食用菌菌种生产技术规程	NY/T 528—2010	行业标准
9	食用菌菌种检验规程	NY/T 1846—2010	行业标准
10	食用菌菌种良好作业规范	NY/T 1731—2009	行业标准
11	食用菌菌种中杂菌及害虫的检验	NY/T 1284—2007	行业标准
12	食用菌菌种真实性鉴定　酯酶同工酶电泳法	NY/T 1097—2006	行业标准
13	食用菌菌种真实性鉴定　ISSR 法	NY/T 1730—2009	行业标准
14	食用菌菌种区别性鉴定　拮抗反应	NY/T 1845—2010	行业标准
15	食用菌菌种真实性鉴定　RAPD 法	NY/T 1743—2009	行业标准
16	香菇栽培种工厂化生产技术规程	DB 21/T 2891—2017	地方标准（辽宁）

（续）

序号	标准名称	标准编号	标准级别
17	设施香菇生产　第2部分：菌种生产技术规程	DB 61/T 1395.2—2021	地方标准（陕西）
18	香菇栽培种工厂化生产技术规程	T/FSSJSYNY 002—2020	团体标准
19	液固扩繁香菇栽培种	T/FSSJ SYNY 003—2020	团体标准
三、栽培料及菌棒			
20	香菇菌棒工厂化生产技术规范	NY/T 3415—2019	行业标准
21	香菇菌棒集约化生产技术规程	NY/T 3627—2020	行业标准
22	食用菌栽培基质质量安全要求	NY/T 1935—2010	行业标准
23	食用菌菌渣发酵技术规程	NY/T 3291—2018	行业标准
24	代料香菇菌棒工厂化生产技术规程	DB 41/T 1571—2018	地方标准（河南）
25	香菇料棒节能灭菌工艺技术规程	T/HEMA 0002—2022	团体标准
四、生产技术规程			
26	香菇生产技术规范	GB/Z 26587—2011	国家标准
27	食用菌生产技术规范	NY/T 2375—2013	行业标准
28	春栽香菇安全生产技术规程	DB 42/T 1838—2022	地方标准（湖北）
29	绿色食品　香菇袋料栽培生产技术规程	DB 42/T 192—2006	地方标准（湖北）
30	春栽香菇代料栽培技术规程	DB 41/T 2048—2020	地方标准（河南）
31	夏香菇林下生产技术规程	DB 41/T 994—2014	地方标准（河南）
32	高海拔地区夏季香菇生产技术规程	DB 41/T 2046—2020	地方标准（河南）
33	香菇栽培技术规程	DB 21/T 3585—2022	地方标准（辽宁）

（续）

序号	标准名称	标准编号	标准级别
34	农产品质量安全　温室香菇生产技术规程	DB 21/T 1524—2007	地方标准（辽宁）
35	无公害地栽香菇生产技术规程	DB 13/T 1148—2009	地方标准（河北）
36	设施香菇生产　第1部分：9米跨度钢架棚建造技术规程	DB 61/T 1395.1—2021	地方标准（陕西）
37	设施香菇生产　第3部分：栽培技术规程	DB 61/T 1395.3—2020	地方标准（陕西）
38	设施香菇生产　第4部分：病虫害综合防控技术规范	DB 61/T 1395.4—2021	地方标准（陕西）
39	富硒香菇生产技术规程	T/HBSE 0003—2019	团体标准
40	丽水山耕：优质香菇安全生产技术规范	T/LSSGB 015—2019	团体标准
五、质量安全、检验检测			
41	食品安全国家标准　食用菌及其制品	GB 7096—2014	国家标准
42	食品安全国家标准　食用菌中503种农药及相关化学品残留量的测定 气相色谱-质谱法	GB 23200.15—2016	国家标准
43	食品安全国家标准　食用菌中440种农药及相关化学品残留量的测定 液相色谱-质谱法	GB 23200.12—2016	国家标准
44	食品安全国家标准　食品营养强化剂　富硒食用菌粉	GB 1903.22—2016	国家标准
45	食用菌中总糖含量的测定	GB/T 15672—2009	国家标准
46	食用菌杂质测定	GB/T 12533—2008	国家标准
47	香菇中甲醛含量的测定	NY/T 1283—2007	行业标准

（续）

序号	标准名称	标准编号	标准级别
48	香菇中香菇素含量的测定　气相色谱-质谱联用法	NY/T 3170—2017	行业标准
49	食用菌中粗多糖含量的测定	NY/T 1676—2008	行业标准
50	食用菌中荧光物质的检测	NY/T 1257—2006	行业标准
51	食用菌中岩藻糖、阿糖醇、海藻糖、甘露醇、甘露糖、葡萄糖、半乳糖、核糖的测定　离子色谱法	NY/T 2279—2012	行业标准
52	食用菌中亚硫酸盐的测定方法　冲氮蒸馏——分光光度计法	NY/T 1373—2007	行业标准
53	食用菌中L-麦角硫因的测定　超高效液相色谱法	NY/T 3872—2021	行业标准
54	出口干香菇检验规程	SN/T 0632—1997	行业标准
六、产品			
55	香菇	GB/T 38581—2020	国家标准
56	地理标志产品　庆元香菇	GB/T 19087—2008	国家标准
57	香菇等级规格	NY/T 1061—2006	行业标准
58	香菇	GH/T 1013—2015	行业标准
59	绿色食品　食用菌	NY/T 749—2018	行业标准
60	香菇菌柄原料分级	DB 42/T 1396—2018	地方标准（湖北）
61	地理标志产品　西峡香菇	DB 41/T 824—2013	地方标准（河南）
62	香菇	DB 61/T 1195—2018	地方标准（陕西）
63	南漳香菇	T-NNCP 1—2020	团体标准
64	谷城香菇	T/SYJXH 1—2020	团体标准
65	地理标志产品　房县香菇	T/CAI 115—2021	团体标准

（续）

序号	标准名称	标准编号	标准级别
七、保鲜加工及收贮运			
66	干香菇辐照杀虫防霉工艺	GB/T 18525.5—2001	国家标准
67	食用菌干制品流通规范	GB/T 34318—2017	国家标准
68	食用菌热风脱水加工技术规范	NY/T 1204—2006	行业标准
69	食用菌流通规范	SB/T 11099—2014	行业标准
70	食用菌包装及贮运技术规范	NY/T 3220—2018	行业标准
71	香菇冷藏保鲜技术规程	DB 21/T 2489—2015	地方标准（辽宁）
72	香菇保鲜、烘干加工技术规程	DB 1306/T 191—2021	地方标准（河北）
73	香菇保鲜、烘干加工技术规程	DB 1308/T 108—2012	地方标准（河北）
74	设施香菇生产 第5部分：保鲜技术规程	DB 61/T 1395.5—2021	地方标准（陕西）
75	设施香菇生产 第6部分：烘干技术规程	DB 61/T 1395.6—2021	地方标准（陕西）
76	丽水山耕：鲜香菇贮运操作手册	T/LSSGB 001—005—2017	团体标准
八、追溯			
77	农产品质量安全追溯操作规程 食用菌	NY/T 3819—2020	行业标准